高等院校信息技术规划教材

Java面向对象程序设计

孙连英　刘畅　彭涛　编著

清华大学出版社

北京

内 容 简 介

本书基于Java语言介绍面向对象程序设计理念,引入UML工具解释设计过程;用丰富的案例阐述面向对象程序设计的基本理论和方法,详细介绍面向对象的基本特性、基本技术,知识点与应用实例相结合。全书分为三篇:第1篇,编程基础,介绍Java的编程基础;第2篇,Java面向对象,介绍面向对象的封装性、继承性和多态性;第3篇,高级面向对象设计,介绍UI、多线程、网络编程等内容。本书内容从简单到复杂,阶梯式递进,读者可以根据需要选读。

本书介绍面向对象思想,注重理论联系实际,既可作为高等院校软件工程、计算机相关专业的本科学生教材,也可作为研究生的参考资料。

图书在版编目(CIP)数据

Java 面向对象程序设计/孙连英,刘畅,彭涛编著.—北京:清华大学出版社,2017(2022.12 重印)
(高等院校信息技术规划教材)
ISBN 978-7-302-48907-8

Ⅰ. ①J… Ⅱ. ①孙… ②刘… ③彭… Ⅲ. ①JAVA 语言－程序设计－高等学校－教材 Ⅳ. ①TP312.8

中国版本图书馆 CIP 数据核字(2017)第 286295 号

责任编辑:张 玥 赵晓宁
封面设计:常雪影
责任校对:时翠兰
责任印制:刘海龙

出版发行:清华大学出版社
　　　　网　　址:http://www.tup.com.cn,http://www.wqbook.com
　　　　地　　址:北京清华大学学研大厦 A 座　　　　　邮　编:100084
　　　　社 总 机:010-83470000　　　　　　　　　　邮　购:010-62786544
　　　　投稿与读者服务:010-62776969,c-service@tup.tsinghua.edu.cn
　　　　质量反馈:010-62772015,zhiliang@tup.tsinghua.edu.cn
　　　　课件下载:http://www.tup.com.cn,010-83470236
印 装 者:三河市龙大印装有限公司
经　　销:全国新华书店
开　　本:185mm×260mm　　　　　印　张:18　　　　　字　数:412 千字
版　　次:2017 年 12 月第 1 版　　　　　　　　　　　印　次:2022 年 12 月第 7 次印刷
定　　价:59.50 元

产品编号:067883-02

前言 *foreword*

背景

随着"互联网十"国家战略的实施和大数据、云计算、物联网等技术的不断发展,移动互联网逐渐成为人们日常交流、通信和娱乐的基本工具。人们通过移动终端获取信息已经成为一种普遍的现象,教育、汽车、医疗、金融、旅游、生活服务等细分领域移动 APP 将迎来飞跃式发展。目前主流的移动应用操作系统主要有 Android、IOS、Windows Phone 等。Android 系统是一个开发平台,与其他智能操作系统不同的是,Android 是一款基于 Linux 平台的开源操作系统,从而避开了阻碍市场发展的专利壁垒。由于 Android 系统是一款完全免费的智能手机平台,Android 移动终端应用市场占有率逐年增长,由此 Java 移动应用软件开发人员有较大的社会需求。

Java 语言的基本编程思想是面向对象,面向对象的程序设计已经成为软件编程技术中一项非常关键的技术。Java 语言吸收了其他语言的各种优点,设计简洁而优美,使用方便而高效。特别是跨平台性,使其在大型应用系统和嵌入式开发中都占有重要地位。本教材基于 Java 语言介绍面向对象的思想设计,运用 UML 建模,具有丰富的实例,体现面向对象程序设计的应用性。

Java 世界的巅峰永远都在技术人员的追求中不断升高,每个人都有不同的路,有效的参考教材是每一位程序员必不可少的工具。本书的内容是按照企业技能培训的模式来安排的,主要从应用开发的逻辑路径组织内容,注重完成基本功能的思路和步骤分析说明,没有从试图穷尽所有的知识面角度来撰写,如果读者想就某一个具体的技术点(例如某个控件的特殊用法)进行突破则需要参阅其他资料来完成。

本书特色

任何技术的目的都是为了应用。本书不仅结合实例详细讲解 Java 的基础知识,同时还就 Java 的主要应用进行实例讲解。全书共分 14 章,从基本概念的引入,到典型案例分析,使读者更形象地理解面向对象思想,掌握 Java 编程技术。

本书特点如下:

(1) 由案例引入,从具体问题的分析入手,由浅入深。

(2) 注重具体问题的分析、设计。案例中给出解决思路,有助于提高读者分析问题和解决问题的能力。

(3) 突出软件开发的设计与实现过程,将面向对象分析与 Java 语言开发相结合,使学生掌握软件开发的基本技能。

(4) 每章后配有实验,注重程序开发能力的锻炼。

读者对象

本书可作为高等院校软件工程、计算机科学与技术等相关专业本科教材,也可作为相关学科的研究生参考资料,同时还可作为学习 Java 开发、移动应用开发、Java EE 开发的职业技能培训教材。

本书作者

本书受到北京联合大学规划教材建设项目资助,由北京联合大学教师团队与北京尚嘉悦成科技有限公司企业团队合作完成。参加本书编写工作的有北京联合大学的孙连英、刘畅、彭涛和北京尚嘉悦成科技有限公司的毛英勇、刘磊。其中,第 1～第 4 和第 9 章由孙连英编写,第 5～第 8 和第 10 章由刘畅编写,第 11～第 14 章由彭涛编写。本书中的案例由毛英勇、刘磊提供。全书由孙连英、刘畅统稿。在编写过程中得到刘小安、李刚、任运贵、张启秀、李琳等的帮助,在此表示感谢。

对于本书实例开发中的程序源代码,读者可以在清华大学出版社网站上免费下载。

由于作者水平有限,书中遗漏之处在所难免,敬请读者批评指正。

编　者

2017 年 6 月

目录 contents

第1篇 编程基础

第 2 篇　Java 面向对象

第 3 篇　高级面向对象设计

第1篇
编程基础

第1章

概　述

　　20 世纪 80 年代以来,面向对象的程序设计方法越来越引人注目。与传统的程序设计方法比较,面向对象的程序设计方法最显著的特点是它更接近人们通常的思维规律。随着互联网技术的发展,尤其是移动操作系统 Android 的广泛应用,使得 Java 面向对象编程语言成为主流之一。本章将以 Java 语言为例,讨论面向对象程序设计方法的一些基本概念。

1.1　面向对象编程思想

1.1.1　面向对象编程语言

　　Java 是一种典型的面向对象编程语言,除此以外还有 C++、C♯等编程语言。Java 语言应用广泛,因此本书以 Java 语言为例来阐述面向对象的概念和编程思路。

　　Java 语言起源于 1991 年 Sun 公司的 Green 计划,Green 计划主要致力于智能型家电的研究。要为家用电子设备编程,就需要一种编程语言。由于家用电子设备的软件要在不同的芯片上运行,当时的计算机语言(包括 C、C++)都不能满足要求。因此,Green 计划负责人 James Gosling 设计了一种新的编程语言,将其命名为 Oak。后来,由于 Oak 已经是另一种程序设计语言的名称了,因此将 Oak 改名为 Java。

　　1996 年 Sun 公司推出 Java 开发工具包 JDK1.0 (Java Development Kit),为开发人员提供编写 Java 应用软件的工具。1998 年 JDK1.2 发布。1999 年 Java 技术被分成 J2SE、J2EE 和 J2ME 三个部分,Java Server Pages (JSP)技术也随之发布。2004 年,J2SE1.5 发布,为了表示此版本的重要性,更名为 J2SE5.0。2005 年发布了 Java SE 6。同年 Java 的各种版本更名,取消其中的数字 2,J2EE 更名为 Java EE,J2SE 更名为 Java SE,J2ME 更名为 Java ME。2010 年 1 月,Oracle 公司收购了 Sun 公司及其产品,现在 Java 由 Oracle 公司控制。2011 年 7 月,Java SE 7.0 版本发布,这个版本距离上次版本发布达 5 年之久,也是到目前为止最新的版本,主要特点是支持动态语言、多重异常处理等。

　　Java 程序能在各种不同的计算机平台上运行,非常适合编写网络应用程序。随着移动互联网技术和移动智能终端的发展,在 Android 操作系统的智能终端上的开发语言也是 Java。

1.1.2　类和对象

面向对象(Object Oriented,OO)技术已经被人们谈论了几十年,其概念和应用已超越了程序设计和软件开发,扩展到很宽的范围。那什么是面向对象呢? 面向对象是一种程序设计方法,或者说是一种程序设计范型,基本思想是使用对象、类、继承、封装、消息等基本概念进行程序设计。

面向对象程序设计是程序设计方法的巨大变化,是当今最流行的程序设计方法,其本质是把数据和处理数据的过程抽象成一个实体——对象。类和对象是面向对象程序设计的核心概念。

类(Class)是具有相同或相似性质的对象的抽象。图 1.1 所示为 Person 类的基本内容。对象的抽象是类;类的具体化就是对象,也可以说类的实例是对象。类具有属性(如姓名 name、年龄 age),属性是对象状态的抽象。类具有操作,是对象行为的抽象(如 eat()方法)。

【例 1.1】　Person 类。

```
public class Person{
    String name;
    int age;
    void eat(){
        System.out.println("This is a method.");
    }
}
```

图 1.1　基本类单元

对象(Object)一词早在 19 世纪就由现象学大师胡塞尔提出并定义。对象是人们要进行研究的任何事物,从最简单的整数到复杂的飞机等均可看作对象,它不仅能表示具体的事物,还能表示抽象的规则、计划或事件。对象是世界上的物体在人脑中的映像,是作为一种概念而存在的东西,它还包括人的意愿。例如,当人们认识到一种新的物体——汽车,于是在人的意识当中就形成了汽车的概念。这个概念会一直存在于人的思维当中,并不会因为汽车的消失而消失。

对象具有状态,一个对象用数据值来描述它的状态。此外还有操作,用于改变对象的状态,对象及其操作就是对象的行为。对象实现了数据和操作的结合,使数据和操作封装于对象的统一体中。

1.1.3　面向对象的特征

在面向对象程序设计之前,程序设计语言是面向过程的。面向过程的程序中数据和数据的处理过程分别存储于不同的地方,数据和过程之间没有逻辑或组织上的联系。这种程序设计方法在编写小型和中型程序时表现得相当好。不过,由于数据和过程分离,对于较大的程序,开发和维护就格外复杂。

吸取了面向过程程序设计的优点,同时又改变了程序中数据和数据处理过程分离的状况,人们提出了面向对象的程序设计方法。

面向对象主要有三大特点(封装、继承、多态),下面对这三个特点进行说明。

1. 封装

面向对象程序设计的核心就是封装。在面向对象程序设计中,封装是通过把一组数据和与数据有关的操作集合放在一起形成对象来实现的。对象通过特定的接口与外部发生联系,内部的具体细节被隐藏起来,对外是不可见的。封装的目的就是防止非法访问,用户只能通过对象的接口利用对象提供的服务,看不到其中的具体实现细节。

在面向对象编程语言中,封装后得到的基本单元是类。类是数据(属性)及其相关操作(方法)的集合体,是对客观事物的抽象和描述,对象是类的实例。一个类中所有的对象都具有相同的数据结构和操作代码。就像按照同一张汽车设计图纸可以造出许多具体的小汽车。换成计算机语言,就是利用一个汽车类可以创建多个汽车对象。类是数据及其相关操作的封装体。类中的具体操作细节被封装起来,用户在使用一个已经定义的对象时,只要知道如何通过其对外接口使用它即可。只要保持类接口不变,该类的内部工作流程可以任意改动,相应程序都无须作任何修改。

面向对象编程语言中预定了大量的类提供给程序员使用。同时还允许程序员定义自己的类,以满足特定的需要。事实上,在使用面向对象编程语言时,程序员需要做的就是定义类、创建对象、访问对象。访问对象也称为将消息发送给对象。程序发送消息给某个对象,该对象便知道此消息的对应目的,进而执行对应的程序代码。

2. 继承

例1.1中的Person类定义了人的姓名、年龄等属性特征,同时也具有eat()这一方法。但对于不同类型的人群(例如教师群体、学生群体),除了拥有人类的特征外,还具有各自的特征。为了提高代码的重用性,面向对象程序提供了继承策略。继承是在扩展现有类的基础上定义新类的过程。当一个新定义的类是基于原有类时,新类将共享原有类的属性和方法,并且还可以添加新的特性,其中新类被称为原有类的子类,原有类被称为父类。例1.2定义了学生类Student,它是Person类的子类,如图1.2所示。学生类继承了Person类定义的所有属性和方法,同时又增添了自己独特的属性和方法。继承提供了一种基于其他类来创建新类的方法。合理地使用继承可以减少很多重复劳动。

【例1.2】 Student类。

```
class Student extends Person{
    String studentNo;
    void takeClass(){
     ⋮
     }
}
```

图1.2 继承类样例

3. 多态

日常生活中人们说去运动,有可能跑步,有可能游泳,也可能踢足球,或者其他,这随个人的爱好不同而不同。在面向对象的程序设计中,通过多态性来支持这一思想。多态使得相同的消息被不同的对象接收时可能导致不同的动作。

面向对象编程语言通过类继承过程中的方法覆盖和方法调用时的动态绑定来实现多态性,从而达到不同的对象按照自身的需求对同一消息进行正确处理的目的。

1.1.4 Java 语言的特点

Java 语言之所以流行,是由它的特点决定的。具体地说,Java 语言有如下特点。

1. 跨平台

Java 源代码编译后生成的字节码文件(后缀为. class)与平台无关,因此,Java 源程序编译生成的字节码文件可以在任意机器平台上运行,前提是该机器上安装了相应的 Java 虚拟机(Java Virtual Machine,JVM)。Java 语言是较早运行在特定的虚拟机上而不是直接运行在操作系统上的语言之一,比 Java 语言稍晚的 C♯语言也运行在相应的虚拟机上,称为. NET Framework。

为了解决在不同平台间运行程序的问题,Java 程序在进行编译时并不直接编译为与平台相对应的原始机器语言,而是编译为与系统无关的"字节码(Byte Codes)"。为了运行 Java 程序,运行的平台上必须安装有 JVM,JVM 是为 Java 程序虚拟的环境。当运行 Java 程序时,Java 实时编译器(Just In Time Compiler,JIT)会将字节码编译为目标平台所接受的原始机器语言,通过 JVM 使得 Java 程序在不同平台上都能运行的目的得以实现,如图 1.3 所示。

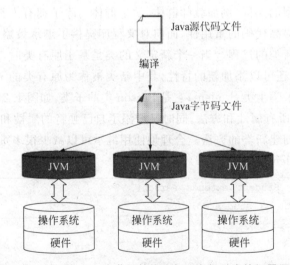

图 1.3　JVM 将 Java 字节码转换为与平台相对应的机器语言

2. 可移植性

体系结构中立性使得 Java 程序不需要重新编译就能在不同的平台上运行。同时，Java 语言对不同平台采用了完全相同的语言实现。例如，基本数据类型不会随机器结构不同而改变，int 类型总是 32 位，long 类型总是 64 位。而 C、C++ 等语言则并非如此，这些语言中特定数据类型的存储空间随着机器或编译器的变化而略有不同。Java 系统提供的类库可以访问不同平台的基本操作系统。使用这些类库后，Java 程序可在支持 Java 语言的任意平台上使用。此外，Java 编译程序是用 Java 语言编写的，这使得 Java 系统本身也具有可移植性。以上机制保证了 Java 语言的可移植性，从而实现了软件的"一次编写，到处运行"，开创了程序设计的新理念。

3. 简单

Java 语言是从 C++ 语言衍生而来的，但它在 C++ 语言的基础上作了重大改进。它抛弃了 C++ 语言中许多比较复杂的部分，包括指针、运算符重载、多重继承等。而且，Java 语言还提供了一个被称为"垃圾回收器"的机制来自动进行内存管理。因此，Java 语言比 C++ 语言简单，也更容易学习和使用。

4. 面向对象

C++ 语言是为了兼容 C 语言，因此不是一种纯粹的面向对象语言，而 Java 则是 100% 面向对象的。在 Java 语言中，可以说一切都是对象，即使是 int 这样的基本数据类型，通过其对应的封装类 Integer 也能转化成对象。

5. 分布式

Java 语言提供的类库可以处理 TCP/IP 协议，利用 Java 语言可以方便地通过统一资源定位器在网络上访问其他对象，取得用户需要的资源。因此，Java 语言非常适合 Internet 和分布式环境下的编程。

6. 解释性

Java 源程序经过编译后生成字节码文件，字节码是一种虚拟的机器指令代码，不针对特定的机器。运行时，Java 解释器负责将字节码解释成本地机器指令代码。Java 解释器包含在 Java 虚拟机中。

7. 健壮性

Java 语言抛弃了 C、C++ 语言中的指针数据类型，不允许对内存进行直接操作。Java 语言的垃圾回收器能自动进行内存管理，防止程序员在管理内存时产生错误。同时，Java 虚拟机在编译和运行程序时对可能出现的问题进行检查。

8. 安全性

Java 语言是一种网络环境下的程序设计语言,大量用于网络和分布式环境下的软件开发,因此对安全性有更高的要求。Java 语言特有的"沙箱"机制,使得网络和分布式环境下的 Java 程序不会充当攻击本地资源的病毒或其他恶意操作的传播者,确保了安全。

9. 体系结构中立

Java 源程序编译后生成的字节码文件与平台无关。因此,Java 程序编译生成的类文件可以在任意机器平台上运行,只要那台机器上安装了相应的 Java 解释程序,而其他程序设计语言(如 C、C++ 等)则需要针对特定的机器重新编译。

10. 多线程

线程是指一个程序中可以独立运行的片段。多线程处理能使同一程序中的多个线程同时运行,即程序并行执行。Java 语言内建多线程机制,同时提供了同步机制保证对共享资源的正确操作,因此 Java 语言的多线程编程相对容易。

11. 动态性

Java 语言的设计使它能适应不断发展的环境。在一个类中可以自由地增加新的方法和数据成员而不会影响到原来使用该类的程序的运行。此外,与其他许多语言的程序在启动过程中便会全部被加载不同,运行 Java 程序时,每个类文件只有在必要时(即第一次使用这个类时)才被加载。

在 Java 程序的执行过程中,部分内存在使用过后就处于废弃状态,如果不及时将无用的内存回收,内存会越占越多,导致内存泄漏,进而使系统崩溃。在 C++ 语言中内存是由程序员人为进行回收的,程序员需要在编写程序的时候把不再使用的对象内存释放掉,但是这种人为管理内存释放的方法却往往由于程序员的疏忽而导致内存无法回收,同时也增加了程序员的工作量。而在 Java 运行环境中,始终存在着一个系统级的线程,专门跟踪内存的使用情况,定期检测出不再使用的内存并进行自动回收,避免了内存的泄漏,也减轻了程序员的工作量。

Java 虚拟机采用的是"沙箱"运行模式,即把 Java 程序的代码和数据都限制在一定的内存空间里执行,不允许程序访问该内存空间外的内存,保证了程序的安全性。

1.2 编写 Java 程序的步骤

1.2.1 准备 Java 开发环境

Java 开发工具集(Java Developers Kits, JDK)不仅是 Java 的开发平台,也是 Java 的运行平台。虽然许多公司已经成功地推出了支持 Java 开发的集成开发环境(Integrated Development Environment,IDE),例如 Eclipse、MyEclipse 等,但是对于刚开始学习 Java

的读者来说,在 JDK 环境下进行开发和学习更有利于理解 Java 程序的开发过程,掌握 Java 语法结构,培养初学者的编程思想。建议初学者先使用 JDK 开发,打下坚实的编程基础后,再使用可视化的 IDE 开发工具就会更加得心应手。

1. 下载、安装 JDK

使用 Java 开发程序的第一步就是安装 JDK,本书用 Java SE 7.0 作为范例,以实例的方式一步步介绍。

安装 JDK 的第一步是下载安装文件。这里要下载的是 Oracle 公司的 Java SE 7.0 Development Kits,下载地址是:http://www.java.com。

由于面向常见的主流操作系统均提供了相应的 JDK,因此下载时需要根据自己使用的操作系统来进行选择。这里下载的是 Windows x86 平台下的 JDK,文件名称为 jdk-7u51-windows-i586.exe,这是 JDK 7.0 第 51 次更新的版本。

双击这个文件可以开始程序的安装。开始的第一步是同意使用条款,接着则开始安装 JDK。在安装 JDK 时可以选择安装的项目,如图 1.4 所示。依次是开发工具 (Development Tools)、API 源代码(Source Code)与公共 JRE(Public JRE)。开发工具是必需的,API 源代码可以了解所使用的 API 是如何编写的,而 JRE 则是执行 Java 程序所必要的,所以这三个项目基本上都必须安装。要注意的是图 1.5 中的"安装到",应记下 JDK 安装的位置,默认是 C:\Program Files\Java\jdk1.7.0_51\。如果想改变安装目的地,可以单击"更改"按钮进行修改。接着单击"下一步"按钮就开始进行 JDK 的安装。完成 JDK 的安装之后,接着会安装公用 JRE,应注意 JRE 的安装位置,默认是 C:\Program Files\Java\jre7\。Win7 系统默认的安装位置是 C:\Program Files(x86)\Java\jre7\。

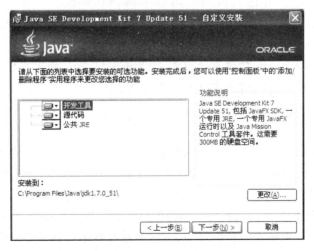

图 1.4 安装 JDK

公用 JRE 主要是为开发好的 Java 程序提供执行的平台。其实 JDK 本身也有自己的 JRE,这个 JRE 位于 JDK 安装目录的 jre 目录下。以上面的安装为例,就是在 C:\Program Files\Java\jre7\中。JDK 本身所附的 JRE 主要是开发 Java 程序时做测试之

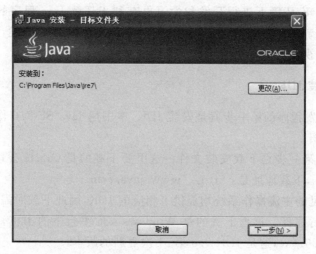

图 1.5　安装 JRE

用，与公用 JRE 的主要差别在于 JDK 本身所附的 JRE 比公用 JRE 多了 Server 的虚拟机
（Virtual Machine）执行选项。

JDK 的安装目录下有如下内容：

- bin 目录。提供的是 JDK 的工具程序，包括 javac、java、javadoc、appletviewer 等
  程序。
- **jre 目录**。JDK 自己附带的 JRE。
- lib 目录。工具程序实际上会使用的 Java 工具类（例如，javac 工具程序实际上会
  去使用 tools.jar 中的 com/sun/tools/javac/Main 类）。
- src.zip。Java 提供的 API 类的源代码压缩文件。如果需要查看 API 的某些功能
  是如何实现的，可以查看这个文件中的源代码内容。

JDK 安装目录下的 bin 目录非常重要，因为编写完 Java 程序之后，无论是编译或执
行程序，都会使用到 bin 目录下所提供的工具程序。

2. 配置环境变量

在安装好 JDK 程序之后，在 JDK 安装目录下的 bin 目录中会提供一些开发 Java 程序时必
备的工具程序。对于 Java 的初学者，建议从命令符模式下操作这些工具程序。在 Windows 系
统中选择"开始"→"运行"选项，在打开的对话框中输入 cmd 命令打开命令符模式。

JDK 的工具程序位于 bin 目录下，但操作系统并不知道如何找到这些工具程序。为
了能在任何目录中使用编译器和解释器，应在系统特性中设置 Path 变量。在 Windows
系统中右击桌面上的"我的电脑"图标，从弹出的快捷菜单中选择"属性"命令，在打开的
对话框中选择"高级"选项卡，然后单击"环境变量"按钮，在"环境变量"对话框中编辑
Path 变量，如图 1.6 所示。

选择 Path 变量，然后单击"编辑"按钮，打开"编辑系统变量"对话框，如图 1.7 所示。
在"变量值"文本框中先输入一个"；"，接着输入 JDK bin 目录的路径，然后单击"确定"按

钮即可完成设置。

图 1.6　设置 Path 变量　　　　　　　　　　**图 1.7　"编辑系统变量"对话框**

　　设置 Path 变量之后，要重新打开一个命令符模式读入 Path 变量内容，新的 Path 变量值才会起作用。如果接着执行 javac.exe 程序，应该可以看到如图 1.8 所示的页面。

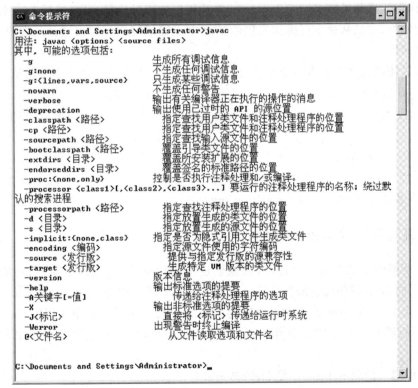

图 1.8　Path 变量设置成功可以找到指定的工具程序

　　Java 执行环境本身就是一个平台,执行于这个平台上的程序是已编译完成的 Java 字节码文件。如果将 Java 执行环境比喻为操作系统,那么设置 Path 变量是为了让操作系统找到指定的工具程序(以 Windows 来说就是找到. exe 文件),而设置 ClassPath 的目的是告诉 Java 执行环境在哪些目录下可以找到要执行的 Java 字节码文件(也就是. class 文件)。

　　设置 ClassPath 变量最简单的方法是在系统变量中新增 ClassPath 环境变量。在图 1.5 中的“系统变量”选项区域中单击“新建”按钮,在弹出对话框中的“变量名”文本框中输入 ClassPath,在“变量值”文本框中输入 Java 类文件所在的位置,例如可以输入“. ;C: \Program Files\Java\jdk1.7.0_51\lib\tools. jar; C: \Program Files\Java\ jdk1.7.0_51 \lib\rt. jar”(jar 文件是 zip 压缩格式,其中包括. class 文件和 jar 中的 ClassPath 设置), 每一路径中间必须以“;”作为分隔符。

　　事实上 JDK 7.0 默认会到当前工作目录(上面的“.”设置起同样作用)以及 JDK 的 lib 目录(这里假设是 C: \Program Files\Java\ jdk1.7.0_51\lib)中寻找 Java 程序,所以 如果 Java 程序是在这两个目录中,则不必设置 ClassPath 变量也可以找得到。如果 Java 程序不是放置在这两个目录时,可以按照上述方法设置 ClassPath 变量。

1.2.2　准备编程工具

　　从学习的角度来说,建议初学者使用纯文本编辑器编写 Java 程序,并在命令行模式 下编译、执行。借此了解 Path、Classpath,熟悉程序的执行步骤;习惯编写 Java 程序所必 须注意的地方;尝试从命令行模式提供的信息中了解编写程序时出现的问题,以及如何 改正这些问题。

　　当然只使用纯文本编辑器总是有相当多的不便,可先从简单的文字编辑辅助工具开 始,例如 UltraEdit(http://www. ultraedit. com)或 EditPlus(http://www. editplus . com)。这两个文字编辑辅助工具都有语法标识显示,以及一些好的搜索、替换、比较等 功能。

　　从开发效率的角度来看,选择一个好的集成开发环境(IDE)是必要的。使用何种集 成开发环境,根据开发团队的需求而各有不同。本教材使用开源的集成开发环境 Eclipse,下载地址为 **http://www. eclipse. org**。

1.2.3　编写第一个 Java 程序

　　Java 能够创建独立的应用程序;也能创建小应用程序,嵌入网页执行;还能作为插 件,通过别的 Java 程序反射加载执行。作为独立应用程序称为 Java Application;在网页 执行时称为 Java Applet;作为插件被别的 Java 应用程序加载时有很多叫法,Java Plugin 是最常用的称呼。本书主要介绍 Java Application 程序,下面编写第一个 Application 程序。

　　【例 1.3】　使用 Eclipse 开发 HelloWorld 程序。

　　(1)新建工程,并设置工程名为 FirstProject,如图 1.9 和图 1.10 所示。

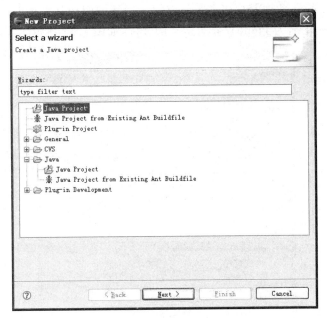

图 1.9　新建工程

图 1.10　设置属性

（2）新建类。Java 程序是由多个类组成的，类名称为 HelloWorld，一般首字母大写，此时将自动产生一个名为 HelloWorld.java 的文件，如图 1.11 所示。

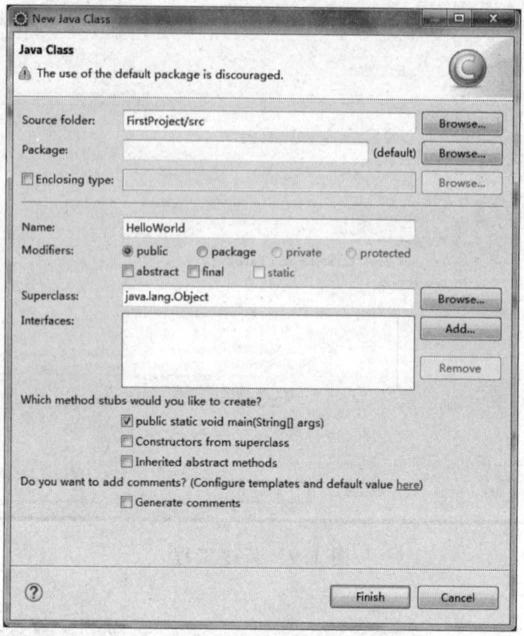

图 1.11　新建类

（3）进入编程环境，开始写代码，文件保存为 HelloWorld.java。

【例 1.4】　HelloWorld 类。

```
public class HelloWorld {
    public static void main(String[]args){
        System.out.println("This is my first java program:");
        System.out.println("Hello World");
    }
}
```

Eclipse 中保存文件就会自动编译。程序如果有问题，会提示错误信息。无错误信息提示，选择运行，就可以执行程序。

使用 Java 命令，编译和运行过程会更清楚一些。下面演示使用 Java 命令的步骤。

（1）将 HelloWorld.java 文件保存在 E 盘的 javawork 目录下。

（2）在 Windows 系统中"开始"→"运行"命令，在打开的对话框中输入 cmd，打开控制台，效果如图 1.12 所示。

（3）使用如图 1.13 所示的命令将当前目录切换到 Java 程序所在的目录 E:\javawork。

编译命令如下：

javac HelloWorld.java

图 1.12 进入控制台

图 1.13 切换当前目录

如果程序没有问题,编译通过后将生成字节码文件 HelloWorld. class。生成字节码文件后就可以执行运行命令。

运行命令如图 1.14 所示。

图 1.14 运行命令

下面初步认识一下第一个程序。

程序基本结构:每个程序必须包含一个或多个类,类是 Java 程序的基本结构。class 关键字表示类,后面是自定义的类名。如果类被声明为 public,则文件名(* . java)必须与类名保持一致。一个 Java 文件中可以有多个类,但只能有一个类被声明为 public。

```
public class HelloWorld{

    }
```

类的作用范围用大括号表示。

main()方法是程序的入口。含有 main()方法的类可以运行;没有 main()方法的类只能编译,不能运行。

```
public static void main(String[] args){
        //可执行语句
}
```

main()方法必须是公共的、静态的,返回 void 且必须接受一个 String 类型的数组。

语句:一条语句表示一系列的操作或一个操作,每条语句都以";"结尾,一条语句可以分多行写。

注释:注释用来帮助程序员和读者进行交流和理解程序。注释不是程序语句,编译器编译程序时会忽略此处。Java 中单行注释用//,多行注释用/* 和 */。

除此之外还有文档注释,以/**开头,以 */结尾,用于描述类、数据和方法,它可以通过 JDK 的 javadoc 命令转换为 HTML 文件。

Java 严格区分大小写,修饰符 public 和 Public 具有完全不同的含义和用法。

命名习惯:变量和方法使用小写(例如 compute()、int com),类名的每个首字母大写(例如 class UserName{ }),常量的所有字母大写(例如 PI 和 MAX_VALUE)。

输出信息是由标准输入输出流输出,调用 System 类的 out 静态属性的 println()方法,并传递"HelloWorld"字符串,这时将在控制台输出 HelloWorld。System. out. println()方法是带换行效果的输出,System. out. print()方法是不带换行效果的输入。当然,也可以使用 \n 表示换行。

1.3　标准 I/O

输入输出是所有高级语言都必须提供的基本系统功能。Java 语言中的输入输出是以流的方式实现的。Java 程序可以通过键盘输入与外界进行简短的信息交换,同时也可以通过文件与外界进行任意数据形式的信息交换。本节介绍标准输入输出的基本操作,详细信息请参阅第 12 章。

1.3.1　标准输入流

在 Java 类库中,IO 部分的内容是很庞大的,它涉及标准输入输出、文件的操作、网络上的数据流、字符串流、对象流、zip 文件流等。Java 中将输入输出抽象地称为流,就好像水管,将两个容器连接起来。将数据从外存读取到内存中称为输入流(Input Stream),将数据从内存写入外存中称为输出流(Output Stream)。采用数据流的目的就是使得输入输出独立于设备。

```
java.lang.System:
public final class System extends Object{
```

```
static PrintStream err;            //标准错误流(输出)
static InputStream in;             //标准输入流(键盘输入流)
static PrintStream out;            //标准输出流(显示器输出流)
}
```

注意：System 类不能创建对象,只能直接使用它的三个静态成员。每当 main 方法被执行时就自动生成上述三个对象。

Java 语言预定义了标准输入流 System.in,对应于键盘输入或者由主机环境或用户指定的另一个输入源。

System.out(标准输出流)对应于显示器输出或者由主机环境或用户指定的另一个输出目标。它的定义是 public static final PrintStream out。System.out 向标准输出设备输出数据,其数据类型为 PrintStream。System.out 的方法有 print(参数)和 println(参数)。

System.err(标准错误流)对应于显示器输出或者由主机环境或用户指定的另一个输出目标。

System.in(标准输入流)读取标准输入设备数据(从标准输入获取数据,一般是键盘),其数据类型为 InputStream。它的定义是 public static final InputStream in。System.in 的方法有：

- int read()：返回 ASCII 码。若返回值为-1,说明没有读取到任何字节,读取工作结束。
- int read(byte[] b)：读入多个字节到缓冲区 b 中,返回值是读入的字节数。

【例 1.5】 从控制台获取字符并输出。

```
import java.io.*;
public class KeyboardIO {
public static void main(String [ ] args) throws IOException{
    System.out.println("Enter a Char:");
    char i=(char) System.in.read();
    System.out.println("your char is:"+i);
}
}
```

本例实现了从键盘获取输入的字符。System.out.read()从键盘获取一个字符,转换成 char 类型并赋给字符型变量 i。当输入一个字符串时需要对程序进行改造。

【例 1.6】 从控制台接收一个字符串并输出。

```
import java.io.*;
public class KeyboardIO {
public static void main(String [] args) throws IOException{
BufferedReader br=new BufferedReader(
    new InputStreamReader(System.in));
    String str=null;
```

```
    System.out.println("Enter a string:");
    str=br.readLine();
    System.out.println("the string is: "+str);
    }
}
```

1.3.2 通过 Scanner 类实现输入输出

从例 1.5 和例 1.6 可以看出,依据获取的数据类型不同直接用标准输入类来完成需要进行类型转换。现在用 Scanner 类来实现。

Scanner 类的定义:public final class Scanner extends Object。

Scanner 使用分隔符模式将其输入分解为标记,默认情况下该分隔符为空白。然后可以使用不同的 next()方法将得到的标记转换为不同类型的值。具体方法参阅 JDK 的帮助文件。

例如,以下代码使用户能够从 System.in 中读取一个数:

```
Scanner sc=new Scanner(System.in);
int i=sc.nextInt();
```

【例 1.7】 从键盘获取数据并输出。

```
import java.util.Scanner;//导入 Scanner 类
public class KeyboardIO {
public static void main(String[]args){
    //以下部分借用 java.util.Scanner 类获取键盘输入并输出
    Scanner sc=new Scanner(System.in);
    System.out.println("请输入姓名:");
    String s=sc.nextLine();
    System.out.println("身高:");
    float h=sc.nextFloat();
    System.out.println("年龄:");
    float age=sc.nextInt();
    System.out.println("个人信息如下:");
    System.out.println("姓名:"+s+"身高:"+h+"年龄:"+age);
    }
}
```

运行结果如下:

```
请输入姓名:
Linux
身高:
157.7
年龄:
```

```
60
个人信息如下:
姓名:Linux  身高:157.7年龄:60.0
```

习 题 1

(1) 面向对象程序设计语言的特点是什么?

(2) 谈谈类和对象的联系与区别。

(3) 编译和运行 Java 程序的命令是什么?

(4) MyDemo.java 文件中定义了两个类,分别是 Person 和 Student。编译后将生成几个类文件(*.class)? 文件名是什么?

编 程 练 习

(1) 访问 Java 官网,下载 JDK 并安装,练习配置环境变量。

(2) 使用控制台输入命令的方式编译、运行例 1.4 和例 1.7。

(3) 写程序实现以下功能。输入专业、姓名,显示如下信息:

"欢迎***专业的***同学开始学习面向对象程序设计!"

第 2 章

chapter 2

基 础 知 识

本章主要介绍面向对象程序设计基础知识,也是学习 Java 语言的基础。有编程经验的读者可以快速阅览此章。本章内容包括标识符、基本数据类型、运算符、表达式和流程控制语句等。熟悉这些知识是编写程序的前提。

2.1 标 识 符

Java 程序的标识符是赋予变量、类或方法的名称。标识符是以字母、下画线(_)或美元符号($)开头,由字母、数字、下画线(_)或美元符号($)组成的字符串。标识符区分大小写,没有长度限制,不能使用关键字。此外,标识符中不能含有其他符号,例如＋、－、＊、♯等,也不允许插入空格。在程序中,标识符可用作变量名、方法名、类名、接口名等。

例如:

```
public class HelloWorld {
    ⋮
}
```

public 是关键字,表示访问权限,可以被其他类引用。

class 是关键字,表示定义一个类。

HelloWorld 是标识符,给出类的名字。

Java 中有许多关键字,它们具有特殊意义和用法,不能作为标识符。Java 中的关键字如下:

abstract	boolean	break	byte	case	catch
class	continue	default	do	double	else
false	final	finally	float	for	if
import	instanceof	int	interface	long	native
null	package	private	protected	public	return
static	super	switch	synchronized	this	throw
transient	true	try	void	volatile	while
char	extends	implements	new	short	throws

标识符的字符数目虽然没有限制,但为了便于阅读和记忆,不宜太长。定义标识符时要遵从惯例,注意大小写,最好能见名知意。Java 中有一些命名约定,定义标识符时需要注意。

类名一般是名词,包括大小写字母,每个单词的首字母大写。例如 HelloWorld、People、MergeSort 等。

方法名一般是动词,包括大小写字母,第一个单词的首字母小写,其余单词首字母大写。尽量不要在方法名中使用下画线。例如 getName、search、setColor 等。

常量一般用大写字母表示,单词与单词之间用下画线分隔。例如 PI、MAX_NUMBER 等。

变量也使用混合大小写形式,第一个单词的首字母小写,后面的单词首字母大写。变量名中避免使用下画线、美元符号。例如 balance、orders、byPercent 等。下面是非法的标识符:

```
2room             //以数字开头
short             //使用关键字
book  Name        //含有空格
phone+num         //含有其他符号+
```

2.2　数　据　类　型

Java 语言的数据类型分为两大类:基本(简单)数据类型和复合(引用)数据类型。基本数据类型有 8 种,分为 4 小类,分别是布尔型、字符型、整型和浮点类型,如图 2.1 所示。基本数据类型由编程语言定义,不可再划分,所占内存空间大小固定,与软硬件环境无关。每种基本数据类型都有默认值对应,使基本数据类型的变量有确定值,便于编译器对数据类型检查,保证 Java 语言的跨平台性和安全性。复合数据类型包括数组、类、接口等。基本数据类型变量内存中存储数据值。复合数据类型变量内存中存储的是数据的首地址,不是数值本身。因此,复合型变量又称为引用变量。

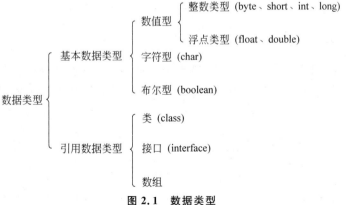

图 2.1　数据类型

2.2.1　基本数据类型

基本数据类型包括整数类型、浮点类型、字符类型和布尔类型。表 2.1 所示为 Java 基本数据类型所占的内存空间。

表 2.1　基本数据类型字长

数据类型	关键字	占内存位	默认数值	取 值 范 围
字节型	byte	8	0	$-2^7 \sim 2^7-1$
短整型	short	16	0	$-2^{15} \sim 2^{15}-1$
整型	int	32	0	$-2^{31} \sim 2^{31}-1$
长整型	long	64	0	$-2^{63} \sim 2^{63}-1$
单精度浮点数	float	32	0.0F	$-3.402\,823\,47 \times 10^{38} \sim 3.402\,823\,47 \times 10^{38}$
双精度浮点数	double	64	0.0D	$-1.797\,693\,134\,862\,315\,70 \times 10^{308} \sim 1.797\,693\,134\,862\,315\,70 \times 10^{308}$
字符型	char	16	'\u0000'	'\u0000' ~ '\uFFFF'
布尔型	boolean	8	false	true、false

1. 整数类型

整数类型有 byte、short、int、long 四种。byte 的取值范围最小，在内存中占用一个字节。short 占两个字节。int 是最常用的整数类型，它以 4 字节表示一个整数。需要表示超过 int 范围的整数时可使用 long 类型，在内存中占 8 字节，但声明时需要在数据后加上 l 或 L。整数可用十进制、八进制或十六进制形式表示，以 1～9 开头的数为十进制数，以 0 开头的数为八进制数，以 0x 开头的数为十六进制数。例如：

```
int     a=21;              //a 表示十进制 int 整数
long    g=7892423L;        //g 表示十进制 long 整数
byte    b=0x12;            //b 表示十六进制 byte 整数
short   s=068;             //s 表示八进制 short 整数
```

2. 浮点类型

浮点类型包括单精度 float 和双精度 double 两种。声明时在数据后分别加 F 或 f 和 D 或 d。如单精度数后忘记加 F 或 f，则一律按双精度数据处理。小数（如 5.9）默认是 double 类型，加上 F 或 f 的小数是 float 型。

例如：

```
float   f=5.4712F;
double  d=542.145;
float   t=7.308;          //错误。不可以将 double 类型数据赋值给 float 类型
```

3. 字符类型

char 字符类型用两个字节表示一个字符。Java 采用 Unicode 编码国际标准,它所能表示的字符比 ASCII 编码多。注意,使用时必须将字符用单引号括起来。例如:

```
char ch='a';
```

4. 布尔类型

布尔类型只有 true 和 false 两种值,常用于条件判断。

2.2.2 类型转换

Java 是一种强类型语言,每个数据都与特定的类型相关。但在运算中,允许整型、浮点型、字符型数据进行混合运算。运算时,不同类型的数据先转换为同一类型,然后再运算。占位空间少的数值转换成占位空间大的数值会自动进行类型转换。因为存储空间由小到大,数值不会损失,保持不变。转换的优先次序为:

byte,short,char→int→long→float→double

例如:

```
char ch='a';      //ch 为 char 类型
int  i=100;       //i 为 int 类型
i=i+ch;
```

int 类型与 char 类型混合运算时,char 类型自动转换为 int 类型,转换时将字符 a 自动转换为对应的 Unicode 编码 97。

占内存空间大的数据转换为空间小的数据不会自动转换,需要强制类型转换。因为存储空间由大到小会有数据丢失风险。强制类型转换方法是在变量名前标明要转换的类型。例如:

```
int  t=20;
byte b=(byte) t;
```

其他类型也可以相互转换。字符串类型转换成数值型是将字符串转换成整数和小数。例如:

```
Integer.parseInt("24");
Double.parseDouble("18.7");
```

Math. round()方法将一个 double 型数值四舍五入为 long 型。

＋运算符将字符串操作数与其他类型操作数相加时,自动将其他类型的操作数转换为字符串,＋的结果是两个字符串相连。表 2.2 中给出了类型转换实例。

```
String  a="1234";
int   b=99;
String c=a+b;       //c="123499"
```

表 2.2   类型转换

表　达　式	结 果 类 型	结　果　值
"123"＋99	String	"12399"
Integer. parseInt("123")	int	123
(int) 2.76324	int	2
Math. round（2.76324 ）	long	3
(int) Math. round（2.76324 ）	int	3
11 * 0.3	double	3.3
(int) 11 * 0.3	double	3.3
11 * (int) 0.3	int	0
(int)(11 * 0.3)	int	3

自动转换也经常用在输出语句中,如 System. out. print()和 System. out. println()。有 a、b、c 分别为 int 型整数 10、27、37:

```
System.out.println( a  +  "+"  +b  +"="+c );
```

运行结果为:

```
10+27=37。
```

2.3　变量和赋值

变量是 Java 程序中的基本存储单元,定义包括变量名、变量类型和作用域。

变量名是一个合法的标识符,它是由字母、数字、下画线或美元符号 $ 组成的序列,变量名区分大小写,不能以数字开头,且不能是保留字。变量名应具有一定的含义,以增加程序的可读性。

变量类型可以是前面介绍的任意一种数据类型。

变量的作用域指明可访问该变量的范围。声明一个变量的同时也就指明了变量的作用域。在一个确定的域中,变量名应该是唯一的。变量的作用域是距离变量最近的大括号{}里。

按作用域来分,变量可以分为局部变量和成员变量。

局部变量在方法或方法的一块代码中声明,它的作用域是所在的代码块(整个方法或方法中的某块代码)。

成员变量在类中声明,不是在某个方法中声明,它的作用域是整个类。

变量的声明格式如下,多个变量类型相同时可以用逗号隔开。

```
类型 变量名 1[=value][,变量名 2[=value]…];
```

例如:

```
int  a,b,c;
double  d1,d2=0.0;
```

2.4 常 量

数据的值不变就是常量。例如,考试的最高成绩(100),一天内的小时数(24),π 的数值(3.14159…)等,这些例子中的数值保持不变。在程序中数值固定的变量一般声明为常量。在 Java 中,常量的声明与变量类似,只是在前面要增加关键字 final。例如:

```
final  int HOURS=24;
```

注意,这里采用了标准 Java 规范,常量用大写字母表示。在后面程序中任何改变值的操作都会导致编译错误。例如:

```
final  int HOURS=24;        //创建一个常量
HOURS=12;                   //修改常量值会产生错误
```

2.5 运算符和表达式

表达式由运算符和操作数组成,是变量、常量、方法调用和运算符等的组合,用于计算求值等。表达式的类型由运算以及参与运算的操作数类型决定。程序需要通过运算符和表达式来操作数据和对象。

运算符是用来实现对变量或其他数据进行加、减等各种运算的符号。运算符按所要求操作数的多少可以分为一元运算符、二元运算符、三元运算符。一元运算符需要一个操作数,二元运算符需要两个操作数,三元运算符需要三个操作数。按运算符的性质又可分为算术运算符、关系运算符、逻辑运算符等。下面介绍部分运算符。

2.5.1　基本赋值运算

基本赋值运算符(＝)用于赋值运算。例如：

```
x=412;
y=x;
```

基本赋值运算符的表达式为：

变量=表达式；

右边的表达式可以是任何常量、变量或其他表达式，左边必须是一个明确的变量。赋值表达式将运算符右侧表达式的值赋给左侧的变量。进行赋值运算时，左边变量的类型必须与右边的类型相容。例如，不能将 boolean 类型的值赋给 int 类型，不能将 double 类型的值赋给 long 类型。类型不匹配时可以采取类型转换。

2.5.2　算术运算

一元算术运算符涉及的操作数只有一个，由一个操作数和一元运算符构成算术表达式。一元算术运算符有 4 种，如表 2.3 所示。

表 2.3　一元算术运算符

运　算　符	名　　称	表　达　式	功　　能
＋	一元加	＋op1	取正值
－	一元减	－op1	取负值
＋＋	递增	＋＋op1,op1＋＋	加 1
－－	递减	－－op1,op1－－	减 1

一元加法和一元减法运算符表示某个操作数的符号，操作结果为该操作数的正值或负值。递增运算符将操作数加 1。递减运算符与递增运算符类似。

例如，＋＋x 与 x＋＋的结果均为 x＝x+1。

如果将递增运算或递减运算与其他表达式同时使用，＋＋x 与 x＋＋不同。＋＋x 在 x 使用之前 x 值加 1；x＋＋在 x 使用之后 x 值加 1。

例如：

```
int i=5;
int j=3;
int k1=i++;          //i 先赋值,再自增,结果是 k1=5, i=6
int k2=++i;          //i 先自增,再赋值,结果是 k2=7, i=7
int m1=--j;          //m1=2, j=2
int m2=j--;          //m2=2, j=1
```

　　由于递增、递减运算的操作数改变操作数自身的值,因此递增、递减运算的操作数不能是常量或表达式。例如:

```
5++            //错误
(i-j)--        //错误
```

【**例 2.1**】　一元算术运算实例。

```java
//Test.java
public class Test {
  public static void main(String args[]){
      int k, m;
      float f, g;

      k=15;
      m=++k;
      System.out.println("m="+m+",  k="+k);

      f=5.4f;
      g=f--;
      System.out.println("f="+f+",  g="+g);
  }
}
```

运行结果为:

```
m=16,  k=16
f=4.4,  g=5.4
```

　　二元算术运算符对应两个操作数。二元算术运算符有 5 种,如表 2.4 所示。

表 2.4　二元算术运算符

运　算　符	表　达　式	名称及功能
＋	op1＋op2	加
－	op1－op2	减
＊	op1 ＊ op2	乘
/	op1/op2	除
％	op1％op2	模数除(求余)

　　二元算术运算符适用于所有数值类型。对于两个都是整数类型的操作数,"/"表示整除,即结果舍弃小数部分,只保留整数部分;如果有小数操作数,"/"结果有小数。取模运算符"％"是取余数,操作与"/"类似。

```
2/5              //结果为 0
2.0/5            //结果为 0.4
10%3             //结果为 1
52.5%10          //结果为 2.5
```

在复杂一些的算术表达式中,算术运算符的优先级按下面次序排列:＋＋和－－的级别最高,然后是＊、/、％,而＋和－的级别最低。此外,为了增强程序的可读性,通过括号可以改变运算顺序。

2.5.3 关系运算

关系运算实际就是比较运算,运算结果是布尔值。关系运算有 6 种都是二元运算,如表 2.5 所示。

表 2.5　关系运算符

运 算 符	表 达 式	名称及功能
＞	A＞B	大于
＞＝	A＞＝B	大于等于
＜	A＜B	小于
＜＝	A＜＝B	小于等于
＝＝	A＝＝B	等于
!＝	A!＝B	不等于

以上 6 个关系运算符的优先级是不同的,前 4 个关系运算符的优先级相同,后两个关系运算符的优先级相同,前 4 个的优先级高于后两个。关系运算符的优先级比算术运算符低。

关系表达式的操作结果是严格的布尔类型,只能是 true 或者 false,Java 语言不允许用 1 和 0 来代替 true 和 false。对于比较运算符"＝＝",不仅可以用于基本数据类型的比较,还可以用于复合数据类型的比较。基本数据类型"＝＝"操作是比较数据值是否相等;引用数据类型"＝＝"操作是比较两个复合数据的引用即地址是否相等。

【例 2.2】　比较运算符实例。

```
//Operators1.java
public class Operators1 {
  public static void main(String args[]){
    short aa=10, cc=23;
    boolean  bb=aa＞cc;          //比较 aa 是否大于 cc
    System.out.println("aa＞cc ?"+bb);

    String st1=new String("how are you");
    String st2=new String("how are you");
```

```
    if(st1==st2)
      //比较 st1 和 st2 是否为同一对象的引用
      System.out.println("st1==st2  ?"+true);
    else
      System.out.println("st1==st2  ?"+false);
    }
  }
```

运行结果为：

```
aa>cc ? false
st1==st2 ? false
```

2.5.4 布尔运算

布尔运算符用来连接关系表达式，对关系表达式的值进行布尔运算。布尔运算有逻辑与(&&)、逻辑或(||)和逻辑非(!)三种，操作结果也都是布尔类型。

Java 中的 &&、|| 运算采用"短路"方式进行，先求出运算符左边表达式的值，如果该值为 true，对于 || 运算来说，整个表达式的结果必然为 true，从而不再需要对或运算符右边的表达式进行运算；同样，对于 && 运算，如果左边表达式的值为 false，则不会再对右边表达式求值，整个布尔逻辑表达式的结果已经确定为 false。

【例 2.3】 布尔运算实例。

```
//Operators2.java
public class Operators2 {
  public static void main(String args[]){
    int val;
    val=Integer.parseInt(args[0]);
    if(val !=0 && 1.0/val <Double.MAX_VALUE)
      System.out.println("val 的倒数为:"+1.0 / val);
    else
      System.out.println("val 的倒数为无穷大");
  }
}
```

运行：

```
java Operators2   4
```

运行结果为：

```
val 的倒数为:0.25
```

2.5.5 位运算

整数类型可进行位运算操作,包括移位、或、与等操作,如表 2.6 所示。

表 2.6 移位和逻辑位运算符

运算符	功 能	表 达 式
>>	将操作数 op1 右移 op2 个位	op1>>op2
<<	将操作数 op1 左移 op2 个位	op1<<op2
>>>	将操作数 op1 右移 op2 个位(无符号)	op1>>>op2
&	按位与	op1&op2
|	按位或	op1|op2
^	按位异或	op1^op2
~	按位非	~op1

2.5.6 条件运算

条件运算符是三元操作运算符。条件运算的表达式为:

```
exp ? value1 : value2
```

exp 表示布尔表达式。如果布尔表达式的结果为真,就计算 value1,这个计算结果就是操作符最终产生的值;如果布尔表达式的结果为假,就计算 value2,这个计算结果就是操作符的最终值。

三元运算符操作简单,但程序可读性较差,使用要谨慎。

2.5.7 复合赋值运算符

Java 语言中除了基本赋值运算符外,还有复合赋值运算符,如＋＝、－＝、＊＝、\＝、％＝、<<＝、&＝等。它们是由基本赋值运算符和二元算术运算符或位运算符结合在一起构成的。上述表达式的一般形式为:

> 变量 算术运算符 (或位运算符)=表达式

其意义等价于下述表达式:

> 变量 =变量 算术运算符 (或位运算符)表达式

例如:

```
x * =2;      //等价于 x=x * 2
y+=8;        //等价于 y=y+8
```

2.6 字 符 串

到目前为止,所使用的数据类型都还是所提到的 Java 基本数据类型。复杂的数据类型需要使用 Java 类,这部分内容会在后续章节介绍。下面介绍 Java 引用数据类型之一——字符串(String)。

字符串就是字符的一个序列,如姓名、地址等。它的声明像 int 或 char 变量一样。但要注意,字符串 String 是以大写字母 S 开头的。例如:

```
String  name;
```

可以使用"+"运算符对多个字符串进行拼接。用赋值运算符(=)处理字符串,赋值操作可以采用如下方式:

```
name="Martin";
```

输入字符串实例

为了从键盘获取字符串,需要使用 Scanner 类的 next()方法。该方法在 java.util 包中,因此在程序开始需要引入包 import java.util.*;。

【例 2.4】 字符串输入实例。

```
//StringTest.java
import java.util.*;
public class StringTest {
public static void main(String args[]){
    Scanner sc=new Scanner(System.in);      //创建键盘输入对象
    String name;                            //声明 String 类型的姓名变量
    int age;                                //声明 int 类型的年龄变量
    System.out.print("what is your name?");
    name=sc.next();                         //从键盘输入 String 类型的姓名
    System.out.print("What is your age?");
    age=sc.nextInt();                       //从键盘输入 int 类型的年龄
    System.out.println("Hello "+name );     //输出姓名
    System.out.println("when I was your age I was "+(age+1) );  //输出年龄
  }
}
```

运行结果:

```
What is your name?Mike
what is your age?20
```

```
Hello Mike
when I was your age I was 21
```

程序中要注意"＋"运算符用于两种不同的目的——字符串拼接和整数加法。

字符串拼接："Hello"＋name。

整数加法：age＋1。

执行程序时,总是从程序的开始到结尾一条接一条顺序执行。如果希望改变程序的执行顺序,需要使用控制语句。Java 程序有三种结构：顺序结构、选择结构和循环结构。

(1) 顺序结构。程序从上到下一行一行的执行,中间没有判断和跳转,直到程序结束。默认的执行方式总是采用顺序结构进行。

(2) 选择结构。在满足条件时才执行。主要有 if 语句和 switch 分支语句。

(3) 循环结构。在某种条件下使程序循环执行,主要有 for 循环、while 循环和 do…while 循环。

2.7 if 语句

2.7.1 if 语句的三种形式

if 语句是使用最普遍的条件语句,它有多种形式。

1. 第一种形式

```
if( 条件语句 )
{
    执行语句块
}
```

条件语句可以是任何一种逻辑表达式。如果条件语句的返回结果为 true,则先执行大括号({})内的语句,然后再执行后面的其他程序代码;如果为 false,则跳过大括号中的内容,直接执行后面的程序代码。大括号的作用就是将多条语句组合成一个复合语句,作为一个整体来处理。如果大括号中只有一条语句,也可以省略大括号。

例如,要判断存款金额是否大于 1 元,如果小于 1 元就让用户重新输入。

输入小数的语句为：

```
System.out.println("请输入要存入的金额:");
double  deposit=sc.nextDouble();        //输入要存入的金额
```

选择语句如下：

```
if( deposit <1.0 ){
    System.out.println("存入金额小于 1 元,请重新输入要存入的金额:");
}
```

在上面的例子中用到了"小于"(<)运算符。回顾比较运算符,有>、>=、<、<=、==、!=。这些比较运算符只适用于基本数值的比较,不适用于字符串。比较相等关系使用双等号(==),注意不是单等号(=)。

2. 第二种形式

```
if(条件语句)
{
    执行语句块 1
}
else
{
    执行语句块 2
}
```

这种格式在 if 语句后面添加了 else 从句,表示在 if 判断条件为 false 时执行 else 后面的从句。例如,判断成绩是否大于 60,大于显示及格,否则显示不及格。

```
int mark=sc.nextInt();
    if (mark >=60)
        System.out.println(" 恭喜你,通过了考试。");
    else
        System.out.println(" 抱歉,没有通过考试。");
```

if 判断需要多个条件组合时使用逻辑运算符。例如,成绩在 90~100 分之间显示为优秀。

```
if(mark >=90 && mark <=100)
    System.out.println("恭喜你,成绩为优秀。");
```

常用的逻辑运算符有三种,如表 2.7 所示。"与"和"或"运算符是将两个判断连接起来,得到一个最终结果。"与"运算符需要两个判断结果都是真时才会得到为真的结果。"或"运算符只需要有一个结果是真即为真。"非"运算符将真或假反转。

表 2.7 常用的逻辑运算符

逻辑运算符	对应符号	逻辑运算符	对应符号
与	&&	非	!
或	||		

3. 第三种形式

if 的嵌套,嵌套允许处理多重选择。使用方法如下:

```
if(条件语句 1 )
{
    执行语句块 1
}
else  if(条件语句 2)
    {
        执行语句块 2
    }
    else if (条件语句 3)
    {
        执行语句块 3
    }
```

2.7.2 使用 if 分段显示

【例 2.5】 使用 if 嵌套语句实现分段显示上课时间(分为 A、B、C 三个时段)。

```java
//TimeTable.java
import java.util.*;
public class TimeTable {
  public static void main(String args[]){
    char group;                    //上课时段分组
    Scanner sc=new Scanner(System.in);
    System.out.print("Enter your group(A,B,C)");
    group=sc.next().charAt(0);
    if(group=='A')
        System.out.println("8:00 a.m");
    else
    {   if(group=='B')
            System.out.println("10:00 a.m");
        else
        {
            if(group=='C')
            System.out.println("1:00 p.m");
            else
            System.out.println("没有这个时段");
        }
    }
  }
}
```

if 嵌套,代码中会出现许多括号,难以阅读。嵌套的 if 语句虽然实现了多重条件选择的任务,但当选择条件增大时,程序会显得混乱。多条件选择还有另一种形式——
switch 语句。

2.8　switch 语句

2.8.1　使用 switch 分段显示

【例 2.6】　使用 switch 语句解决分段显示问题。观察这个程序,然后加以讨论。

```java
//TimeTable2.java
import java.util.*;
public class TimeTable2 {
  public static void main(String args[]){
    char group;              //上课时段分组
    Scanner sc=new Scanner(System.in);
    System.out.print("Enter your group(A,B,C)");
    group=sc.next().charAt(0);
    switch  ( group )       //开始使用 switch 语句
    {
       case 'A':  System.out.println("8:00 a.m");
                  break;
       case 'B':  System.out.println("10:00 a.m");
                  break;
       case 'C':  System.out.println("1:00 p.m");
                  break;
       default:  System.out.println("没有这个时段");
    }              //switch 语句结束
  }
}
```

使用 switch 语句,程序简洁了许多。switch 语句与一组 if 语句的运行方式完全相同,但更为紧凑易读。switch 语句用于以下情形:

(1) 每个条件只检查一个变量(例 2.6 中是 group)。

(2) 检查涉及变量的具体值(如 A、B)而不是范围(如>=60)。

2.8.2　switch 语句详解

switch 语句格式如下:

```
switch ( 表达式 ) {
  case  取值1:  语句块1;  break;
  case  取值2:  语句块2;  break;
  case  取值3:  语句块3;  break;
   ⋮
  default:     语句块n;  break;
}
```

表达式是待测试的变量名称。switch 语句判断条件可以接受 int、byte、char、short 型。

switch 语句执行时，case 语句依次执行，一旦找到匹配者，就从该位置顺序执行，直至遇到 break 语句强制退出。因此，如果没有 break 语句，程序会执行从匹配位置开始到 default 的所有语句。

default 语句是可选项，可以没有。

case 中的值必须是常量，并且所有 case 子句的值应是不同的。

break 语句用来在执行完一个 case 分支后使程序跳出 switch 语句，即终止 switch 语句的执行。

考虑这样一个问题：用同一段语句来处理多个 case 条件，比如例 2.6 中 A、B 是同一时段，程序该如何编写？示例代码如下：

```
switch ( group )        //开始使用 switch 语句
{
    case 'A':
    case 'B':  System.out.println("8:00 a.m");
            break;
    case 'C':  System.out.println("1:00 p.m");
            break;
    default:    System.out.println("没有这个时段");
}                        //switch 语句结束
```

这个例子中，当选择 A、B 时显示的是同一时间。当 group 值为 A 时，检测到 case 'A' 满足条件，程序从 case 'A'后的语句开始执行，直至遇到 break 语句停止。因此当 group 的值是 A 或者 B，执行效果一样。

2.9　for 循环

2.9.1　for 循环语法

循环次数已知，一般使用 for 循环实现，语法如下：

```
for（初始化表达式；循环条件表达式；  循环后的操作表达式)
{
    执行语句；
}
```

for 语句第一行是循环声明，第二行是循环体。花括号是可选部分，如果执行语句只有一条，花括号可以省略。for 语句执行时，首先执行初始化操作，然后判断终止条件是否满足，如果满足，则执行循环体中的语句，最后执行迭代部分。完成一次循环后，重新判断终止条件。

在初始化部分和迭代部分可以使用逗号语句进行多个操作。逗号语句是用逗号分隔的语句序列。

```
for( i=0, j=10; i<j; i++, j--){
    ⋮
}
```

2.9.2 求和运算实例

【例 2.7】 计算 10 以内整数的和。

```
//ForSample.java
class ForSample {
  public static void main(String args[]){
      int sum=0;
      //控制循环 10 次,每次执行 sum+i
      for(int i=0; i<10; i++)
      {
          sum=sum+i;
      }
      System.out.println("sum="+sum);
  }
}
```

for 循环体内可以包含任意数量的指令,包括 if 语句、switch 语句甚至可以是另一个循环。比如要打印出 10×4 的 * 组成的方阵。

```
**********
**********
**********
**********
```

使用一条 for 语句时,可以采用如下形式:

```
for( i=0; i<4; i++)
{
    System.out.println("**********");
}
```

实例用 i 控制了打印**********的行数。如果每一行的 * 也用循环完成,需要嵌套另一个 for 循环完成。

```
for ( i=0; i<4; i++)              //外部循环,实现打印出多行
{
    for ( int j=0; j<9; j++){
```

```
        System.out.print("＊");        //内部循环,实现打印出一行＊
    }
    System.out.println();            //每行结束后换行
}
```

2.10　while 循环

2.10.1　while 循环语句

for 循环一般用于循环次数已知的结构。有时循环次数未知,就可以考虑 while 循环或者 do…while 循环。

while 循环用于不知道代码需要重复多少次,但有明确终止条件的情况。语法如下:

```
while ( 条件表达式 )
{
    执行语句
}
```

当条件表达式为真时,执行{}中的执行语句,执行完后再返回判断条件,直到条件是假,循环终止。

2.10.2　while 循环实现输入控制

考虑成绩的输入问题。输入成绩时,成绩必须大于 0,小于 100。程序在接收用户输入时,应该判断成绩是否有效。如果无效就让用户重新输入,直到输入了有效成绩。

在用户输入无效成绩时显示错误信息。用户可能会多次输入无效成绩,这就需要循环处理。由于循环次数未知,因此考虑使用 while 循环实现。

```
System.out.println(" 请输入成绩:");
int  mark  =sc.nextInt();
while (mark <0 || mark >100)
{
    System.out.println("无效的成绩,请再次输入成绩:");
    mark  =sc.nextInt();
}
```

2.11 do…while 循环

2.11.1 do…while 语句

do…while 语句功能和 while 语句类似,不过 do…while 语句是执行完第一次后才检测条件表达式。这意味着包含在大括号中的程序段至少要被执行一次。do…while 的语法结构如下:

```
do {
    执行语句
} while (条件表达式);
```

注意:do…while 的 while(条件表达式)后有";"号,表示语句结束。while 循环的表达式后没有分号。

2.11.2 do…while 实现退出操作

do…while 适用于循环次数未知,并且循环体至少执行一次的结构。

程序一般是任务完成就会自行终止。如果希望多次执行同样的代码,可以将代码放入循环体内,直到用户选择退出时终止。由于循环次数未知,不宜使用 for 循环;while 循环要在程序开始时就判断是否重复,也不合理。最佳的方法是使用 do…while 循环。

```
char response;
  do {
    //执行的任务
    System.out.println("是否重复执行程序?(y/n) ");
    response=sc.next().charAt(0);
} while (response=='y');   //如果选择 y,则返回循环体内部执行
```

2.12 break 与 continue

只有循环条件表达式为假时循环语句才结束循环。如果希望提前中断循环,使用 break 语句。也可以使用 continue 语句跳过本次循环,然后开始执行下一次循环。

2.12.1 break 语句

在 switch 语句中已经使用过 break,它的作用是使程序从它所在的 switch 语句中跳出。break 语句也可以用在循环语句中,它在循环中有两种使用形式:

（1）不带标号的 break 语句。

```
break;
```

（2）带标号的 break 语句。

```
break 标号;
```

不带标号的 break 是中断当前循环体的执行。对于多重循环，执行不带标号的 break 只能使程序从所在的那重循环中跳出。

带标号的 break，标号是一个标识符，用来标示某一程序块。Java 语言中，标号的定义只能出现在循环语句之前，在标号和循环语句之间不能插入任何其他语句。形式如下：

```
标号: 循环语句
```

带标号的 break 语句可以中断多重循环，使程序流程跳转到标号标示的循环体之外。例如：

```
st: while(true)          //标号 st 所在循环
{
    while (true)
    {
        break st;        //终止两重 while 循环
    }
}
```

执行"break st;"程序会跳出最外层的 while 循环。如果不使用 st 标号，程序只能跳出里层的 while 循环。

2.12.2 continue 语句

continue 语句只能出现在循环语句中。continue 语句也有两种形式，带标号的和无标号的。带标号的使用方法同 break。无标号的 continue 语句是跳过当前循环的剩余语句块，接着执行下一次循环。请看下面打印 100 以内 7 的倍数的例子。

【例 2.8】 打印 100 以内 7 的倍数。

算法设计：

100 以内的循环，循环次数已知，可以使用 for 循环实现。当计数器为 7 的倍数，打印计数器；如果不是，则什么也不做，继续计数。

源程序：

```
//Find7Times.java
class Find7Times {
    public static void main(String args[]){
```

```
        for (int i=1; i <=100; i++){
          if(i%7==0)
              System.out.print(i+"  ");
          else
              continue;      //结束本次循环,继续执行下一次循环
          }
        }
      }
```

运行结果:

```
 7  14  21  28  35  42  49  56  63  70  77  84  91  98
```

2.13 综合实例:十进制与二进制转换

将十进制数字转换为二进制数字,转换方法是基于十进制数字的分解。例如,19 转换为二进制是 10011,因为 19 可以表示成 $19=16+2+1$,即 $19=1\times2^4+1\times2^1+1\times2^0$。

进制转换可以用展开式中 2 的幂次方表示。问题的焦点是如何用 2 的幂次方表示十进制数。

2.13.1 问题分析

从前面分析可知,十进制转换为二进制的关键是将十进制数字表示为不同 2 的幂次方相加。因此,程序可以从最高次幂比较。例如,19 在 $2^5\sim2^4$,最高次幂是 2^4。程序首先需找到最接近 19,且不大于 19 的 2 的最高次幂。然后依次将 2^3、2^2、2^1、2^0 与最高次幂累加,如果大于 19 就补 0,如果小于 19 就补 1。

设计思路如图 2.2 所示。

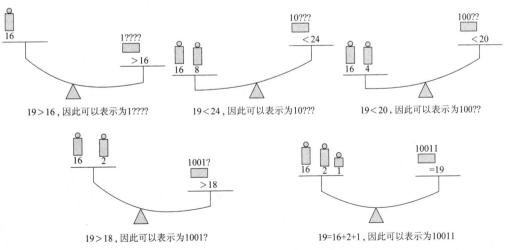

图 2.2 设计思路

2.13.2　算法设计

（1）找到最高次幂。设 n 为需要转换的数字，待求的最高次幂为 v。循环除 2 可得到最高次幂。方法如下：

```
int v=1;          //当前 2 的幂次方
n=sc.nextInt();   //n 为需要转换的数字
while (v <=n / 2)
    v=2 * v;
```

（2）求得最高次幂 v 后，从最高次幂 v 开始依次递减，与 $n-v$ 的余数相比。如果大于余数，则输出 1，否则输出 0。

2.13.3　主程序

【例 2.9】　进制转换。

```
//Binary.java
import java.util.*;
public class Binary {
    public static void main(String args[]){
        Scanner sc=new Scanner(System.in);
        int  n=0;       //待转换的十进制数字
        int  v=1;       //当前 2 的幂次方
        n=sc.nextInt();
        while( v <=n / 2)
          v=2 * v;
        int x=n;        //当前余数
        while(v>0)
        {
            if(n<v)
              System.out.print(0);
            else
            {
                System.out.print(1);
                n-=v;
            }
            v=v/2;
        }
    }
}
```

习　题　2

(1) 判断下列语句的对错。

① 一个标识符可以是任何数字和字母的序列。

② 在 Java 中保留字和预定义的标识符之间没有区别。

③ 取模运算符的操作数必须是整数。

④ 如果 a 的值为 4,b 的值为 3,则执行"a＝b;"后,b 的值仍为 3。

⑤ 在输出语句中,换行符可能是字符串的一部分。

(2) 下面(　　)是 Java 应用程序 main 方法的有效定义。

    A. public static void main(String args[])

    B. public static void main()

    C. public static void main(String args)

    D. public static main(String a[])

(3) 写出表达式的运算结果,设 a＝3, b＝4。

b !＝3 && a * 2＞a+b

(4) 给出以下内容的输出结果:

① System. out. println('b');

② System. out. println('a'+'b');

③ System. out. println((char) ('b'+3));

(5) 假设 x、y、z 均为 int 型变量,且 x＝2,y＝5,z＝9。在执行了下面每个语句后将输出什么?

① System. out. println("x＝"＋x＋",y＝"＋y＋",z＝"＋z);

② System. out. println("x+y＝"＋(x＋y));

③ System. out. println("sumof"＋x＋"and"＋z＋"is"＋(x＋z));

④ System. out. println("z/x＝"＋(z/x));

⑤ System. out. println("2 times"＋x＋"＝"＋(2 * x));

(6) 判断以下语句是否有误,如果有误,请指出。

① if (a＞b) then c＝0;

② if a＞b { c＝0;}

③ if (a＝b) c＝0;

④ if (a＞b) c＝0 else b＝0;

(7) 下列语句执行后 j 的值是多少? 假设 i 和 j 都是整数。

① for (i＝0, j＝0 ; i＜10 ; i++) j＋＝i;

② for (i＝0, j＝1 ; i＜10 ; i++) j＋＝j;

③ for (j＝0; j＜10 ; j++) j＋＝j;

④ for (i＝0, j＝0; i＜10; i++) j＋＝j++;

编 程 练 习

(1) 编写程序,提示用户输入一个小数,然后输出与该数最接近的整数。

(2) 编写程序,提示用户输入一个 4 位正整数,该程序将以每行一个数字输出该数。例如,如果输入为 6438,则输出为:

```
6
4
3
8
```

(3) 编写程序,分别获得一个数的整数和小数部分并输出。例如 5.01,在屏幕上分别输出整数 5 和小数 0.01。

(4) 设计并实现一个要求用户输入两个数并猜测两数之和的程序。如果用户猜对结果,就显示祝贺消息,否则显示慰问信息以及正确答案。

(5) 甲、乙两人打赌,看谁赚的钱多。甲承诺每天给乙 1000 元钱。乙承诺第一天给甲 1 分钱,第二天给甲 2 分钱,第三天给甲 4 分钱,第四天给甲 8 分钱……请问 30 天后,甲、乙两人谁赢?

(6) 设计一个自动售货机,提供如下选择:

[1] 口香糖

[2] 巧克力

[3] 爆米花

[4] 果汁

[5] 显示购买总数

[6] 退出

允许用户连续地从这些选项中进行选择。当选中 1—4 选项时,显示适当的信息确认选项。例如当用户选择 3 时,可以显示如下信息:

您购买了爆米花

当用户选择 5 时,显示已经售出的每种商品的数量。例如:

您购买了 2 个口香糖

您购买了 3 个巧克力

您购买了 3 杯果汁

当用户选择 6 时,程序终止。如果输入 1—6 以外的选项,显示出错信息。例如:

错误,请输入 1～6 以内的数字!

(7) 编写程序,提示用户输入笛卡儿平面中某一点的 x-y 坐标。程序应输出一条消息指出此点是原点,位于 x 或 y 轴上,还是在特定象限上。

例如：

```
(0,0) is origin
(4,0) is on the x-axis
(0,-8) is on the y-axis
(-2,5) is in the second quadrant
```

第 3 章

方　法

方法表示类的行为,只能作为类的一部分存在。前面学习过 main()方法,本章介绍方法的定义和调用以及方法重载等内容。

3.1　定义方法

方法包括方法的声明以及方法体,语法如下:

```
返回值类型　方法名(参数列表)
{
     方法体
}
```

其中返回值类型是指调用方法后返回数据的类型,参数列表给出了方法参数的类型和名称,方法体是方法功能的实现。下面给出一个方法的代码片段。该方法的功能是在 ATM 机取款时显示提示信息。

```
static void displayMessage() {                //方法声明
    System.out.println("请注意保护个人密码。");   //方法体
    System.out.println("请输入取款密码…");
}
```

方法名为 displayMessage,该方法不需要输入参数,方法即使没有参数也要保留小括号()。该方法没有返回值,没有返回值时需要声明返回类型为 void。static 关键字表示该方法是静态方法,main 方法也是静态方法,静态方法会在后续章节详细介绍,这里只要知道静态方法可以直接调用。

3.2　调用方法

Java 中除了 main 方法是系统自动调用外,其他方法必须明确被调用。通过方法名和参数列表调用方法,形式如下:

方法名(实际参数表);

实际参数又称为实参,用来初始化调用方法的参数列表。实际参数必须与方法定义中的参数一致,包括参数的个数和类型。如果不一致,则会编译出错。

【例 3.1】 方法声明和调用实例。

```java
//MyMethod.java
import java.util.*;
  class MyMethod {
    static void displayMessage() {                      //方法定义
        System.out.println("请注意保护个人密码。");//方法体
        System.out.println("请输入取款密码.");
    }
    public static void main(String[] args) {
        Scanner sc=new Scanner(System.in);
        String myPSW;
        displayMessage();                               //调用 displayMessage()方法
        myPSW = sc.next();
    }
  }
```

displayMessage()方法定义独立于 main 方法,它们是并列关系,都属于同一个类。方法定义都要在某个类的内部,不可以单独编写。方法定义在类中的顺序不会影响编译器的执行过程,因此 displayMessage()方法在 main 方法之前还是之后是无关紧要的。程序执行总是从 main 方法开始。在 main 方法中,执行到方法调用语句 displayMessage()时才会真正运行 displayMessage()方法。

需要强调的是,当一个方法调用另一个方法时,调用方法会在调用点暂停执行,而跳转到被执行方法中执行相应语句;当被调用方法结束时程序又返回调用方法中再次继续运行。调用过程如图 3.1 所示。例 3.1 是 main 方法调用其他方法,其实方法之间可以相互调用。

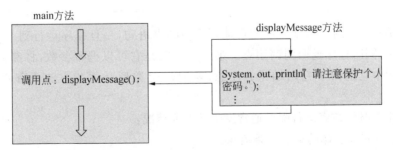

图 3.1 方法调用示意图

3.3　方法实例

前面介绍的方法没有参数和返回值,较为简单。下面将介绍有参数和返回值的方法。

继续以判断闰年为例,希望把闰年判断编写为独立的方法。计算闰年时需要给定一个确定的年份,根据此年份才可计算是不是闰年。计算完毕,需要告诉调用者判断结果。因此,方法有一个输入参数——年份,还有一个返回值——是否为闰年的判断结果。方法体完成判定的任务。

【例3.2】　闰年判断方法。

```
static  boolean  isLeapYear ( int  yearIn )
{
  boolean  resultIn=false;
    if((yearIn %4 ==0)&& (yearIn %100 !=0) ||
        (yearIn %400 ==0))
      resultIn =true;
  return resultIn;
  }
```

static 静态的修饰方法,表示方法可以直接调用。boolean 是返回值类型,表示方法调用时将返回 boolean 型的判断结果。isLeapYear 是方法名,调用要通过方法名实现。方法有一个整数类型参数 yearIn,表示在调用时需提供一个整数类型的参数,即待判断年。方法体将对 yearIn 计算,判断是不是闰年,并将 boolean 型的判断结果返回。

本例中方法内部的变量命名均带有 In,表示在方法内部有效。最后要把判定结果返回,使用 return 语句:

```
 return resultIn;
```

return 语句有两个功能。首先它是方法的结束语句,一旦程序运行到 return 语句,方法将结束,同时程序返回到调用点。第二个功能是它可以携带参数,将参数返回给调用者。本例中它返回了判定结果。注意,返回值的类型必须与方法头部声明的类型一致。

方法什么时候结束运行呢? 通常发生在下列情况:

(1) 运行完方法体的最后一条语句。

(2) 执行到 return 语句。

编程人员根据方法的复杂性,可能在程序的多处安排有 return 语句,方法运行时只要执行到某个 return 语句,方法就立即结束,不管后面是否还有其他语句。

return 语句有两种形式:

(1) return;

(2) return 表达式;或 return(表达式);

形式(1)适合于方法返回值类型是 void 的方法;形式(2)适合于方法返回值类型是非 void 的方法。

例如 main 方法,返回值类型是 void,因此无须返回数据(main 方法结束就是程序结束,相当于返回到操作系统对方法的调用处)。接下来讨论调用带参数的方法。

【例 3.3】 带参数和返回值的方法。

```java
//LeapYear.java
import java.util.*;
public  class LeapYear {
    static boolean isLeapYear(int yearIn){
         boolean  resultIn =false;
       if((yearIn %4 ==0) && (yearIn %100 !=0) ||
                                  (yearIn %400 ==0))
         resultIn =true;
         return resultIn;
      }
  public static void main(String[] args) {
      Scanner sc =new Scanner(System.in);
      int year;
      boolean result;
      year =sc.nextInt();
      //调用 isLeapYear 方法,传入实际参数 year
      result =isLeapYear(year);
      System.out.println(year +" is  Leap Year?" +result);
    }
}
```

正如前面介绍过,Java 程序运行时虚拟机会先找到 main 方法,从 main 方法开始执行。在 main 方法中,当执行到调用方法语句:

```java
result =isLeapYear(year);
```

程序会跳转到 isLeapYear 方法内部去执行。执行前先把实际参数(year)赋值给形式参数(yearIn):yearIn=year。在 isLeapYear 方法内部执行到 return resultIn 语句时,会把 resultIn 的值返回给 main 方法。接着回到 main 方法中,把执行结果赋给布尔变量 result。这就是方法的参数传值的整个过程,如图 3.2 所示。

要注意变量的作用域问题。在方法内部定义的变量仅在方法内部有效。例如 isLeapYear 方法中,yearIn、resultIn 变量是方法内部变量。方法调用时会创建存储两个变量的内存空间,方法执行完毕会释放空间。因此,main 方法无法访问到 yearIn、resultIn 变量。

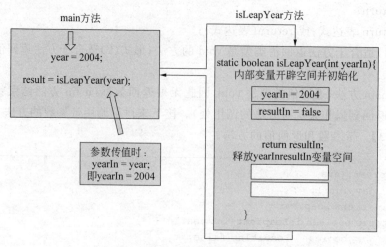

图 3.2　方法参数传递示意图

3.4　方法应用

在定义方法的过程中,一般要考虑 4 个问题:

(1) 方法名。

(2) 方法的输入(即形参)。

(3) 方法的输出(即返回值)。

(4) 方法体(完成相应功能的语句)。

方法名的定义要符合标识符规则,尽量做到见名知义。如果方法名由多个单词组成,一般第一个单词全部小写,后续单词的首字母要大写,如 myMethod、isEven。

3.4.1　单个参数的方法

【例 3.4】　计算圆的面积。

编程思路:计算圆的面积,方法命名为 circleArea。要完成计算,必须知道圆的半径,因此方法需要一个输入参数——半径。计算完毕,需要把计算结果返回给调用方法 main,因此也需要一个返回值。计算面积的算法是 πr^2,方法体内按照公式计算得到结果。

```java
//MethodExp3.java
public class MethodExp3 {
  static double circleArea(double radiusIn){
    final double PI =3.14;                    //定义常量 PI
    //根据传入参数计算圆的面积,并将结果返回
    return ( PI * radiusIn * radiusIn );
  }
```

```
public static void main(String[] args) {
    double result=0.0;
    //调用 circleArea 方法,计算半径数值为 2.4 的圆面积
    result =circleArea(2.4);
    System.out.println(result);
    //调用 circleArea 方法,计算半径数值为 4.0 的圆面积
    System.out.println(circleArea(4.0));
    }
}
```

程序中通过方法名和参数实现调用,调用语句为:

```
result =circleArea(2.4);
System.out.println(circleArea(4.0));
```

调用时,传入的参数即实参赋值给形参(radiusIn),即:

```
radiusIn =2.4;        //第一次调用
radiusIn =4.0;        //第二次调用
```

两次调用后,处理方法有所不同。第一次调用将结果返回给 main 方法内定义的变量 result;第二次调用直接将结果输出显示。

3.4.2 多个参数的方法

方法有时需要多个参数,下面通过具体问题来了解多参数方法的处理。

【例 3.5】 实现由任意符号组成的 i*j 的矩形。

编程思路:方法的功能是绘制矩形,方法命名为 drawRectangle。绘制时要知道绘制符号以及 i*j 的值。因此,输入参数应该有三个,分别为绘制符号、矩形宽和矩形高。方法体实现矩形的输出显示,不需要返回结果,因此返回值类型是 void。方法体内绘制算法,回顾第 3 章介绍过的 for 循环的实例,它实现了由 10×4 个" * "组成的矩形。

```
for( i=0; i <4; i++)                    //外部循环,实现打印出多行
{
    for( int j =0; j<9; j++){
    System.out.print(" * ");           //内部循环,实现打印出一行 *
}
System.out.println();                   //每行结束后换行
}
```

在此算法中,只要把固定数值和符号转换为传入的参数就可以实现。

```
//MethodExp4.java
public class MethodExp4 {
```

```
    //三个输入参数的方法
static void drawRectangle(char symbolIn, int xIn, int yIn)
{   //外部循环,实现打印出多行
    for( int i=0; i <yIn; i++)  {
      //内部循环,实现打印出一行 symbolIn
      for( int j =0; j<xIn; j++){
         System.out.print(symbolIn);
      }
       System.out.println();                 //每行结束后换行
    }
}
public static void main(String[] args) {
    drawRectangle('@',8,4);                //调用 drawRectangle 方法
    System.out.println();
    drawRectangle('#', 15, 5);             //调用 drawRectangle 方法
    }
}
```

运行结果:

```
@ @ @ @ @ @ @ @
@ @ @ @ @ @ @ @
@ @ @ @ @ @ @ @
@ @ @ @ @ @ @ @

###############
###############
###############
###############
###############
```

具有多个参数的方法定义与一个或无参数的方法类似,依然是方法名(参数),只是参数之间注意用“,”分开。方法调用时要注意参数的顺序,必须严格按照定义的参数顺序和类型。

例如,调用语句:

```
drawRectangle('@',8,4);
```

调用时,参数赋值严格按照方法定义 void drawRectangle(char symbolIn, int xIn, int yIn)的顺序进行。实参列表赋值给形参列表:

```
symbolIn='@';
xIn=8;
yIn=4;
```

3.4.3　递归方法

递归的思想就是把问题分解成为规模更小的、具有与原问题相同解法的问题。既然递归的思想是把问题分解成为规模更小且与原问题有着相同解法的问题,那么是不是这样的问题都能用递归来解决呢? 答案是否定的。并不是所有问题都能用递归来解决。那么什么样的问题可以用递归来解决呢? 一般来讲,能用递归解决的问题必须满足两个条件:

(1) 可以通过递归调用来缩小问题规模,且新问题与原问题有着相同的形式。

(2) 存在一种简单情境,可以使递归在简单情境下退出。

如果一个问题不满足以上两个条件,那么它就不能用递归来解决。

方法的递归调用有两种方式:一种是直接递归,即方法直接调用自己;另一种是间接递归,即方法调用其他方法,而其他方法又再调用这个方法。不管是直接递归还是间接递归,如果没有一个终止条件结束递归,将会造成无休止的调用,因此在写递归程序时一般把终止条件写在最前面。

下面通过求 $n!$ 阶乘的例子来了解递归的具体过程。

首先将原有问题逐步分解为与原有问题处理方法相同的更简单的问题,直至分解出来的问题结果已知。以 4! 为例分析:

```
4!=4 * 3!
3!=3 * 2!
2!=2 * 1!
1!=1 * 0!
0!=1;
```

归纳一下,可将分解过程描述为 $n! = n * (n-1)!$,直至分解到 0!。用伪代码描述为:

```
计算阶乘方法 (参数为 n) {
    当 n==1 时,n!=1;
    当 n>1 时,n!=n*计算阶乘方法 (n-1);
}
```

用 Java 语言实现为:

```
long Factorial(int n){
    if ( n ==1)
        return 1;                        //递归停止条件写在前面
    else
        return n * Factorial(n-1) ;   //递归调用自身
}
```

【例 3.6】　求斐波那契(Fibonacci)数列第 n 项的方法 fibo(n)。斐波那契数列为 0、

1、1、2、3、5、8、13、21、…，即从第 3 项开始，每一项为前两项之和。

编程思路：经过分析，斐波那契数列可表示为：

fibo(0)=0；

fibo(1)=1；

fibo(n)=fibo($n-1$)+fibo($n-2$) ($n\geqslant2$)。

也就是说，当形参 n 接收到 0 或 1 时不再递归，而是将 n 返回。当形参接收的数大于等于 2 时将递归。

```java
//MethodExp5.java
public class MethodExp5 {
    static int fibo(int n)
    {
        if(n ==0 || n ==1 )                //递归终止条件
            return n;
        else
          return fibo(n-1) +fibo(n-2);     //递归调用
    }

    public static void main(String[]  args){
        int n =8;
    //调用递归方法
    System.out.println( "fibo " +n +" =" +fibo(n));        }
    }
```

运行结果：

```
fibo 8=34
```

使用递归方法编写的程序简洁清晰。不过，每次调用方法时系统都需要分配内存来保存中间结果直至满足停止条件，系统开销比较大。在实际编程中，建议根据情况选择递归。

3.4.4　多个返回值的方法

前面介绍的方法返回值都只有一个。方法中虽然可以有多个 return 语句，但程序只要运行到第一个 return 语句，方法就结束。因此，看似方法只能有一个返回值。那么，方法是否可以有多个返回值呢？方法当然可以有多个返回值。多个返回值的实现要借助含有多个数据项的数据类型（例如数组、类）作为返回类型，这部分将在后续内容中介绍。

3.5　方　法　重　载

方法的重载（Method Overloading）是指一个类中允许存在一个以上的同名方法，只要它们的参数个数或者类型不同。

【例 3.7】 add 方法重载。

```java
//MethodExp5.java
public class MethodExp5 {
    static  int  add(int x, int y)              //两个整数相加
    {
        return x +y;
    }
    static  int  add(int x, int y, int z)       //三个整数相加
    {
        return x +y +z;
    }
    static  double  add(double x, double  y)    //两个双精度数相加
    {
        return x +y;
    }
    public static void main(String[] args) {
    int isum;
    double fsum;
//调用 int  add(int x, int y)方法
isum =add(3,5);
//调用 int  add(int x, int y, int z)方法
isum =add(1,10, 3);
//调用 double add(double x, double y)方法
fsum =add(7.6, 8.5);
    }
}
```

实例中有 add 同名方法,但方法的参数个数或者类型不同,这种现象就是方法重载。方法调用时根据方法名和参数来实现。当方法名相同,唯一的决定因素就是参数,因此参数的个数和类型决定了调用哪个重载方法。注意:重载方法的参数列表必须不同,要么是参数的个数不同,要么是参数的类型不同,一般不将参数出现的顺序作为区分条件。重载方法的返回类型可以相同,也可以不同。

习 题 3

(1) 判断下列说法是否正确?

① 方法的返回值只能返回一个值。

② 方法的参数允许有多个。

③ 方法执行到 return 语句时将立即退出。

④ 方法的形参和实参,名称必须相同。

(2) 语句 int(Math. random( ) ∗ 6)＋1 的作用是(　　　)。

    A. 产生 1～6 的随机数　　　　　　　B. 产生 100～600 的随机数

    C. 产生 10～60 的随机数　　　　　　　D. 产生 1000～6000 的随机数

（3）下面的方法中哪一个有效？如果无效,请解释原因。

① public static one(int a，int b)

② public static int thisone(char x)

③ public static char another(int a，b)

④ public static double yetanother

（4）如下面的方法调用 stery(5)时返回值是(　　　)。

```
public staic int stery(int n){
    if (n ==0)
        return 1;
    else
        return 3 * stery( n -1);
}
```

　　　A. 0　　　　　　B. 3　　　　　　C. 81　　　　　　D. 243　　　　　E. 6561

（5）请指出下面程序段中的方法头、方法体、形参、实参、方法调用和局部变量。

```
public class Exercise{
  public staic void main(String [] args){
    int x=0;
    double y=0;
    char z='';
    hello(x,y,z);
    ⋮
hello( x +2, y-2.4),'S');
}
public static void hello(int first, double second, char ch){
    int num;
    double y;
    ⋮
}
  }
```

编　程　练　习

（1）①编写提供三个选项的菜单驱动程序。

第一选项,当用户输入摄氏温度时显示出华氏温度。

第二选项,当用户输入华氏温度时显示出摄氏温度。

第三选项,用户退出。

用到的公式(C 代表摄氏温度,F 代表华氏温度):

$$F=\frac{9}{5}C+32$$

$$C = \frac{5}{9}(F - 32)$$

② 为了使程序正常运行,用户输入的温度不能低于绝对 0 度,也就是 -273.15C,或者 -459.67F。

（2）编写方法 reverseDigit,将一个整数作为参数,并反向返回该数字。例如 reverseDigit(123)的值是 321。同时编写程序测试此方法。

（3）编写程序,一列数的规律如下: 1、1、2、3、5、8、13、21、34……求这列数的第 30 位数是多少?

（4）编写方法 distance,计算笛卡儿平面中两点$(x1,y1)$和$(x2,y2)$间的距离。此方法将表示平面上两个点的 4 个数作为它的参数,并返回两点间的距离。

（5）编写程序,随机生产 100 个 0~9 的数,统计 0~9 每个数出现的概率。

第4章

数 组

基本数据类型变量只能存储一个数据,如果要处理大量的数据类型相同的数据该怎么做呢? 例如要处理 10 000 名学生的英语成绩,如何保存 10 000 条学生信息呢?

经常使用数组处理以上问题。数组是类型相同的有序的数据集合,数组中的各个数据也称为"数组元素"。数组元素分别用统一的数组名和序号标识。

4.1 创 建 数 组

数组声明与基本数据类型类似,要指明数据类型和变量名,但声明时要增加方括号(〔 〕)表示数组。创建数组有两个步骤:声明数组变量和为数组元素分配存储空间。

声明数组变量与声明基本数据类型的变量类似,但在数据类型或者数组名后紧跟方括号。例如,声明一个整数数组:

```
int[]  intArray;
```

intArray 是数组名,数组中元素类型都是 int,类型 int 后紧跟方括号表示是数组。声明 double 类型的数组名为 temperature,语句如下:

```
double  temperature[ ];
```

temperature 数组声明时方括号跟在数组名的后面也是允许的。

数组类型和数组名后只能有一个方括号。声明数组不会为数组元素分配存储空间,所以声明时没有数组元素的个数。

数组在初始化时才会为数组元素分配空间。数组元素的存储空间是根据数据类型和数组元素的个数计算。因此,数组初始化时要提供数组元素的个数。例如,定义一个包括 10 个整数的数组并初始化数组元素:

```
intArray =new int [10];
```

new 运算符为已经定义了元素类型和个数的数组开辟空间。数组大小定义后就不能更改。new 分配空间的同时将初始化数组元素。

　　图 4.1 所示为 new 运算符对计算机存储器的分配情况。数组名 intArray 中存放的是数组第一个元素的地址。数组中每个元素拥有和数组名同样的名称,每个数组元素通过一个附加的索引值来获得它们在数组中的唯一标识。Java 中数组的下标从 0 开始,最后一个下标是数组个数-1。

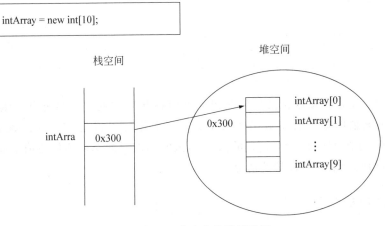

图 4.1　数组元素内存分配示意图

　　为了深入了解数组,需要掌握内存分配的一些知识。Java 内存管理中有两种重要的方式:栈内存和堆内存。

　　方法中定义的基本类型变量和对象的引用变量都在方法的栈内存中分配。在一段代码块(也就是一对花括号{ }之间)定义的变量,Java 就在栈中为这个变量分配内存空间。当超过变量的作用域后,Java 会自动释放掉为该变量所分配的内存空间,该内存空间可以立即被另作它用,之前介绍的变量都是在栈中分配的。

　　堆内存用来存放由 new 运算符创建的对象或数组。堆中分配的内存由 Java 虚拟机的自动垃圾回收器来管理。堆中产生了数组或对象后,还可以在栈中定义一个特殊的变量。如果该变量的取值等于数组或对象在堆内存中的首地址,栈中的这个变量就成了数组或对象的引用变量,以后就可以在程序中使用栈中的引用变量来访问堆中的数组或对象。引用变量相当于是数组或对象的名称。引用变量是普通的变量,定义时在栈中分配,在程序运行到作用域之外后被释放。而数组和对象本身在堆中分配,即使程序运行到使用 new 产生数组或对象的语句所在代码块之外,数组和对象本身占据的内存也不会被释放。数组或对象在没有引用变量指向它时就会变为垃圾,不能再被使用,但仍然占据内存不放,在随后一个不确定的时间被垃圾回收器收走(释放掉)。这也是 Java 程序比较占内存的原因。

4.2　初始化一维数组

　　初始化数组就是对已经定义好的数组元素赋初值。

```
int numbers[] =new int[10];    //创建数组
```

```
for (int i =0; i <9; i++)
    numbers[i] =i +1;             //为每个数组元素赋值为 i+1
```

数组的初始化有静态初始化和动态初始化两种。

4.2.1　静态初始化

```
int intArray[] ={1,2,3,4};
String stringArray[] ={"abc", "How ", "you"};
```

静态初始化是直接用花括号将数组元素值括起来并通过逗号分开。编译器通过初始化数组元素值的数量确定数组的大小。每个数据元素值是按顺序在数组中存放的。intArray[0]的值是 1,intArray[1]的值是 2,依此类推。静态初始化适用于数组元素的个数较少,且初始元素可以枚举的情况。

4.2.2　动态初始化

根据数组类型又可分为简单类型和引用类型,它们的初始化步骤有所不同。简单类型可用 new 运算符分配内存空间,同时给数组元素赋值为默认值。不同类型默认值不同,如表 4.1 所示。

表 4.1　用 new 动态初始化时数组元素的默认值

元素类型	默认初始值	元素类型	默认初始值
boolean	false	浮点数	0.0
char	'\u0000'	对象	null
整数	0		

对引用类型的数组初始化需要分两步完成:
(1) 为数组分配每个元素的引用空间。
(2) 为每个数组元素分配空间并赋初值。
简单类型的数组初始化:

初始化语句	内存分配示意
`int intArray[];` `intArray =new int[5]`	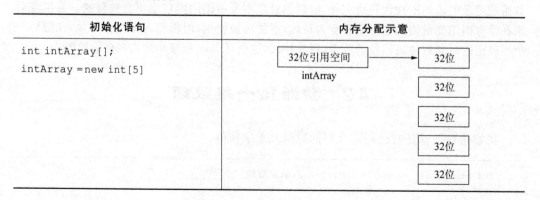

引用类型的数组初始化：

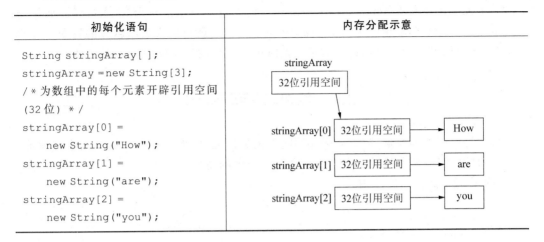

初始化语句	内存分配示意

String stringArray[ ];
stringArray =new String[3];
/ * 为数组中的每个元素开辟引用空间
(32位）* /
stringArray[0] =
  new String("How");
stringArray[1] =
  new String("are");
stringArray[2] =
  new String("you");	

数组创建后，如何访问数组元素呢？数组元素的访问要通过下标。

```
arrayName[index];
```

index 为数组下标，下标可以是整型常数或表达式。数组下标从 0 开始，到数组元素－1。数组元素的个数就是数组长度。每个数组都有一个属性 length，指明数组的长度。例如 intArray. length 指明数组 intArray 的长度。

4.2.3 创建数组实例

【例 4.1】 创建 7 个元素的数组处理一周温度。

```
//ArrayOne.java
public class ArrayOne {
  public static void main(String[] args) {
    int[]  temperature;              //声明一个整数类型数组
    temperature =new int[7];         //创建一个整数数组对象
  for (int i =0; i <temperature.length; i++) {
      //对数组中每个元素赋值并显示
      temperature[i] =i;
      System.out.print(temperature[i] +" ");
    }
  System.out.println();
  }
}
```

运行结果：

```
0 1 2 3 4 5 6
```

实例中访问数组元素通过变量 i 来实现，i 的范围为 0～temperature.length−1。即最后一个元素的下标是 temperature.length−1，注意不是 temperature.length。如果访问数组元素下标不小心超过了 temperature.length−1，就会出现数组越界的错误。为避免出现"数组越界异常"错误，访问数组元素时最好使用数组对象的 length 属性。

4.3 数组名的使用

数组是引用类型变量，数组名中存储的不是数据元素，而是第一个数组元素的地址。对数组的操作多数要通过数组名。本节介绍数组名的使用。

【例 4.2】 数组名的使用。

```
//TwoArray.java
public class TwoArray {
public static void main(String args[]) {
        //定义两个数组 arrayOne 和 arrayTwo
        int[] arrayOne =new int[8];
        int[] arrayTwo =new int[8];
        System.out.print("arraOne:");
        for (int i =0; i <arrayOne.length; i++) {
            arrayOne[i] =100;         //数组 arrayOne 赋值全为 100
            System.out.print("  " +arrayOne[i]);
        }
        System.out.print('\n' +"arrayTwo:");
        for (int i =0; i <arrayOne.length; i++)
            //数组 arrayOne 赋值全为 0
            System.out.print(" " +arrayTwo[i]);
        System.out.println('\n' +"*************************");
        arrayTwo =arrayOne;            //将 arrayOne 赋值给 arrayTwo
        arrayTwo[2] =456;              //修改 arrayTwo 中第三个元素的值
        System.out.print("arraOne:");
        for (int i =0; i <arrayOne.length; i++)
            System.out.print("  " +arrayOne[i]);
        System.out.print('\n' +"arrayTwo:");
        for (int i =0; i <arrayTwo.length; i++)
            System.out.print("  " +arrayTwo[i]);
        System.out.println();
    }
    }
```

运行结果：

```
arraOne: 100  100  100  100  100  100  100  100
arrayTwo: 0 0 0 0 0 0 0 0
*********************************
arraOne: 100  100  456  100  100  100  100  100
arrayTwo: 100  100  456  100  100  100  100  100
```

实例中定义了两个数组 arrayOne 和 arrayTwo,初始化时 arrayOne 中的数值全为 100,arrayTwo 中全为 0。

通过数组名操作将 arrayOne 赋值给 arrayTwo。由于数组名中存放的是第一个元素的首地址,因此赋值结束后 arrayOne 和 arrayTwo 都指向了同一个地址,如图 4.2 所示。

```
arrayTwo =arrayOne;
```

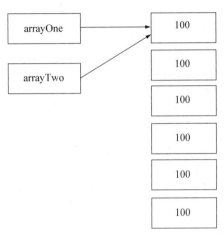

图 4.2　内存示意图

当执行到修改 arrayTwo 中第三个元素值的语句时:

```
arrayTwo[2]=456;              //修改 arrayTwo 中第三个元素的值
```

结果是将 arrayOne 和 arrayTwo 两个数组名指向同一个地址的数据进行了修改。因此,运行结果显示两个数组的第三个元素值都发生了变化。

数组名操作与之前简单变量操作不同,因为数组名中存放的不是数据元素的值,而是地址,这一点务必牢记。

4.4　数组作为方法的参数和返回值

方法可以接收参数,并将返回值返回给调用者。数组既可以作为参数传递给方法,也可以作为方法的返回值。本节将介绍使用数组作为方法的参数和返回值。

4.4.1　数组作为方法参数

基本数据类型作为方法的参数时,实参是将数值传递给方法。数组不是基本数据类型,作为方法参数时情况是不同的。数组是复合数据类型,作为方法参数,数组将引用即数组的首地址传递给方法而不是数组元素值。例 4.3 是将数组作为参数传递给方法的例子。

【例 4.3】 用方法实现数组内数据的排序。

编程思路：对数组排序，方法命名为 SortArray。方法需要接收一个数组，因此需要有输入参数，并且参数是数组。排序完毕，应该保存排序后的结果。是否需要返回数组？先留下一个疑问。排序方法有多种，本例使用选择排序。即从第一个元素开始，依次跟后续数据比较，如果后续元素小就交换位置，这样每一次得到的都是最小值。排序完毕后是从小到大的顺序。

```java
//SelectSort.java
public class SelectSort {
    static void SortArray(int[]  data) {
        int i, j, k, temp;
        /* 循环变量 i 代表每趟排序时的待排序位置 */
        for(i =0; i <data.length; i++)    {
            k =i;
            /* k 为"当前最小元素"下标,每趟排序开始时先假定待排序位置元素"最小" */
            for( j =i+1; j <data.length; j++)
            /* 找到更小的元素时,k 保持为"当前最小元素"下标 */
                if(data[j] <data[k])
                    k =j;
                temp =data[i];
                data[i] =data[k];
                data[k] =temp;
        }
    }
    public static void main(String[] ags){
        int[] ia ={69,99,78,35,98,28,87};
        SortArray(ia);                       //调用排序方法
        for(int i =0; i <ia.length; i++)
            System.out.print(ia[i] +" ");   //输出排序后的数组
    }
}
```

SortArray 方法的返回类型是 void，说明没有返回值。那么排序后的数组结果如何保存呢？答案在于 SortArray 方法输入参数类型是数组，即将数组的首地址传递给方法。在方法内部对数组的操作将通过输入参数数组名直接找到数组地址，对数组本身进行修改。因此方法结束后，数组内数据的顺序已经改变。在 main 方法中，调用排序方法后数组内部顺序发生了变化，得到了由小到大递增的数组。因此，此例用数组作为输入参数的 SortArray 方法不需要返回值。

4.4.2 数组作为返回类型

数组可以作为方法的输入参数，也可以作为方法的返回值。方法返回数组类型，实际返回的是数组名，即指向数组的引用。

【例 4.4】 数组倒序方法。

给定数组,求出它的倒序。由题意可知,需要有输入数组,还要有返回的倒序数组。为保留原始数组不变,设计了数组返回类型。

```java
//ReverseArray.java
public class ReverseArray{
    static int[] Reverse(int[] data){        //方法的数组返回类型
        int dataLen =data.length;
        int[] dataOut =new int[dataLen];
        int j =dataLen-1;
        for(int i =0; i <dataLen; i++) {
            dataOut[j]=data[i];
            j--;
        }
        return dataOut;                       //返回倒序后的数组
    }
    public static void main(String[] ags){
        int[] a ={10,30,38,96,87,24};
        int[] b =new int[6];
        b =Reverse(a);                        //调用倒序方法,将结果传递给 b
        for(int i =0; i <a.length; i++)
            System.out.print(a[i]+" ");       //输出原数组 a
        System.out.println();
        for(int i =0; i <b.length; i++)
            System.out.print(b[i]+" ");       //输出倒序后的数组 b
    }
}
```

运行结果:

```
10 30 38 96 87 24
24 87 96 38 30 10
```

实例中 Reverse 方法用数组名作为返回值。在方法内部没有更改输入数组,因此 main 方法中原数组 a 不变,又得到倒序后的数组 b。

4.5 增强的 for 循环

处理数组时经常需要用到循环,for 循环是使用最频繁的。在 for 循环中,循环计数器在循环体内可以作为数组的下标。JDK 5.0 增强了 for 循环的功能。

增强的 for 循环在每次迭代中都通过一个变量存储数组中连续的数组元素。增强的 for 循环语法为:

```
for ( dataType  item: arrayName) {
    System.out.println(item);
}
```

在程序中每个连续的数组元素称为数据项。循环首部可以理解为：dataType 是数组中的数据类型。item 变量只能用在循环中，在循环体外不能使用。在循环体内可以直接通过变量输出数组元素，不需要通过访问数组。

普通的 for 循环访问数组元素语句：

```
for(int i=0;i<a.length;i++)
        System.out.print(a[i]+" ");
```

用增强的 for 循环访问数组元素语句：

```
for ( int  i:  a )
    System.out.print(i);
```

与标准的 for 循环相比，这种方式更加简洁。但是，如果修改数组元素，增强的 for 循环就不再适用。用增强的 for 循环修改数组元素会引起编译错误，同时也会使程序运行可靠性降低、安全性差。因此，只有在以下情况才可以使用增强的 for 循环：

（1）需要访问整个数组（不是数组的一部分）。

（2）需要读取数组中的元素，而不是修改。

（3）不需要使用数组下标完成其他处理。

4.6　多维数组

Java 中没有真正的多维数组，只有数组的数组。虽然在应用上很像 C 语言的多维数组，但是不同的。在 C 语言中定义一个二维数组，是一个 $x \times y$ 的二维矩阵块，如图 4.3 所示。

Java 中的多维数组不一定都是规则矩阵形式，如图 4.4 所示。

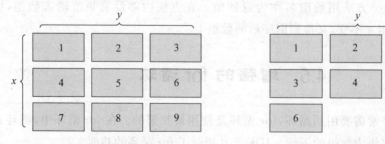

图 4.3　C 语言中定义的二维　　　　图 4.4　Java 中定义的二维
　　　　数组结构示意图　　　　　　　　　　　数组结构示意图

4.6.1　二维数组定义

二维数组定义的一般格式为：

```
type arrayName[ ][ ];
```

或

```
type [ ][ ]  arrayName;
```

例如"int xx [ ] [ ];"表示定义了一个数组引用变量 xx，第一个元素变量为 xx[0]，第 n 个元素变量为 xx[n−1]。xx 中的第一维元素（xx[0]到 xx[n−1]）又是数组名，是指向另外数组的引用。

4.6.2　初始化二维数组

1．静态初始化

```
int intArray[ ][ ]={{1,2},{2,3},{3,4,5}};
```

Java 中把二维数组看作是数组的数组，数组空间不是连续分配的，所以不要求二维数组中每一维的大小相同。

2．动态初始化

方法 1：直接为每一维分配空间。格式如下：

```
arrayName =new  type [length1][length2];
int a[ ][ ] =new int[2][3];
  a[0][0]=1;
  a[0][1]=2;
  a[0][2]=3;
  a[1][0]=4;
  a[1][1]=5;
  a[1][2]=6;
```

方法 2：从最高维开始，分别为每一维分配空间。

```
arrayName =new type[length1][ ];
arrayName[0] =new type[length01];
arrayName[1] =new type[length11];
     ⋮
```

例如：

```
int a[ ][ ] =new int[2][ ];
a[0] =new int[3];
a[1] =new int[5];
```

二维复合数据类型的数组先从最高维分配空间，然后再顺次为低维分配空间。

4.6.3　二维数组实例

用二维数组实现矩阵对角线数据的翻转。假设 matrix 是一个正方形矩阵，即具有相同的行数和列数。matrix 有一条主对角线和一条反对角线。为了明确起见，假设有以下语句：

```
final int rows =4;
final int columns =4;
```

数组 matrix 主对角线上的元素是 matrix[0][0]、matrix[1][1]、matrix[2][2]、matrix[3][3]，其反对角线上的元素是 matrix[0][3]、matrix[1][2]、matrix[2][1] 和 matrix[3][0]。题目要求同时翻转主对角线和反对角线上的元素。假设数组如图 4.5 所示。

两条对角线翻转后，数组 matrix 如图 4.6 所示。

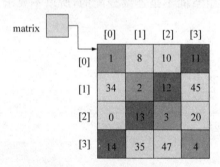

图 4.5　对角线翻转前的
二维数组 matrix

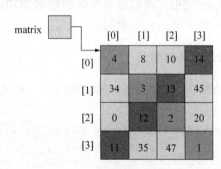

图 4.6　对角线翻转后的
二维数组 matrix

分析：

翻转主对角线是执行以下操作：

将 matrix[0][0] 和 matrix[3][3] 互换。

将 matrix[1][1] 和 matrix[2][2] 互换。

第一个元素的行列与第二个元素的行列相加等于数组长度−1，并且每个元素的行列值相同。

翻转反对角线是执行以下操作：

将 matrix[0][3] 和 matrix[3][0] 互换。

将 matrix[1][2]和 matrix[2][1]互换。

第一个元素的行列与第二个元素的行列相加等于数组长度减 1,并且每个元素的行列相加也为数组长度减 1。

因此,程序设计如下:

```
//翻转主对角线数据
  for(row=0; row<matrix.length/2; row++){
  temp=matrix[row][row];
  maxtix[row][row]=matrix[matix.length-1-row][matix.length-1-row];
  matrix[matix.length-1-row][matix.length-1-row]=temp;
}
//翻转反对角线数据
  for(row=0; row<matrix.length/2; row++){
  temp=matrix[row][matrix.length-1-row];
  matrix[row][matrix.length-1-row]=matrix[matix.length-1-row][ row];
  matrix[matix.length-1-row][ row]=temp;
}
```

这段代码可以翻转任何正方形二维数组的对角线。

习 题 4

(1) 下面的数组定义哪些是正确的? 请将错误的修改正确。

① int a[]=new int[3];

② int[] a;a={1,2,3,4,5};

③ int[] a=new int[3]{1,2,3};

④ int a[][]=new int[10,10];

⑤ int a[10][10]=new int[][];

⑥ int a[][]=new int[10][10];

⑦ int[] a[]=new int[10][10];

⑧ int[][] a=new int[10][10];

(2) 编写用于完成以下操作的 Java 语句:

① 声明一个有 16 个元素的 int 型数组 alpha。

② 输出数组 alpha 的第 10 个元素。

③ 将数组 alpha 的第 5 个元素值设置为 53。

④ 将数组 alpha 的第 9 个元素值设置为第 6 个和第 11 个之和。

⑤ 输出数组 alpha,并且每行显示 4 个元素。

(3) 下面程序的运行结果是(　　)。

```
public static void main(String a[]){
    int x=30;
```

```
    int[] numbers=new int[x];
    x=60;
System.out.println(numbers.length);
}
```

  A. 60   B. 20   C. 30   D. 50

（4）使用 arraycopy()方法将数组 a 复制到 b 正确的是（ ）。

  A. arraycopy(a,0,b,0,a. length)   B. arraycopy(a,0,b,0,b. length)

  C. arraycopy(b,0,a,0,a. length)   D. arraycopy(a,1,b,1,a. length)

编 程 练 习

（1）现有数组 int oldArr[]＝{1,3,5,1,1,6,6,1,5,7,6,7,1,5}，要求将以上数组中值为 1 的项去掉，将不为 1 的值存入一个新的数组，生成的新数组为 int newArr[]＝{3,5,6,6,5,7,6,7,5}。

（2）在体操或跳水比赛中，每个选手得分的计算方法是去掉一个最高分和一个最低分，然后加上其他得分。编写一个程序，使用户能够输入 8 个裁判的评分，然后输出选手的得分。输出格式为小数点后两位。裁判的评分在 1～10,1 为最低分,10 为最高分。例如，如果得分为 9.2,9.3,9.0,9.9,9.5,9.5,9.6,9.8,则选手的总得分为 56.90 分。

（3）编写一个程序，使用户输入选举中 5 位竞选人的姓名，每位竞选人的得票数，程序输出每位竞选人的姓名、得票数和得票数占总投票数的百分比，还应输出此次选举的获胜者一名。

（4）给定一个数组，写一个 expand 函数，把原有数组的长度扩容一倍，并保留原有数组的内容。例如，给定一个数组 int[]a={1,2,3}，则扩容之后 a 数组为{1,2,3,0,0,0}。

（5）飞机座位分配。编写一个程序，用于分配一架商务飞机的座位。该飞机有 13 排座位，每排 6 个座位。第一排和第二排是头等舱，其余是经济舱。程序必须提示用户输入如下信息：机票类型（头等舱或经济舱）。

输出以下格式的座位安排表：

	A	B	C	D	E	F
row1	*	*	#	*	*	*
row2	#	*	*	*	#	*
row3	*	*	*	*	*	*
row4	*	*	*	*	*	#
row5	*	*	*	*	*	*
row6	*	*	*	*	#	#
row7	*	*	*	*	*	*

"＊"表示该座位可选，"＃"表示该座位已经分配。将程序开发为菜单驱动，显示用

户的选择。

(6) 编写一个程序,使用二维数组存储一年中每个月的最高气温和最低气温。该程序输出一年中的最高气温的平均值、最低气温的平均值、最高气温和最低气温。该程序必须由以下方法组成:

① getData()方法:读取数据并将数据存储到二维数组中。

② averageHeight()方法:计算并返回一年中最高气温的平均值。

③ averageLow()方法:计算并返回一年中最低气温的平均值。

④ indexHighTemp()方法:返回数组中最高气温的索引。

⑤ indexLowTemp()方法,返回数组中最低气温的索引。

第 2 篇
Java 面向对象

第2篇

Java 面向对象

第 5 章

类 和 对 象

编程语言为计算机解决问题提供了抽象机制。因此,编程语言所能提供的抽象化类型和方法决定了解决问题的复杂度和质量。面向对象编程语言以客观事物为本,以接近人类思维和客观事物本来面目的方法去解决问题。本章开始深入介绍面向对象编程,围绕面向对象程序的三个特征展开,即封装、继承和多态。

5.1 类与对象的关系

类(Class)和对象(Object)是面向对象方法的核心概念。类是对某一类事物的描述,是抽象的、概念上的定义。对象是实际存在的某类事物的个体,因而也称为实例(Instance)。例如,汽车类描述了汽车的属性和汽车具有的行为,它是所有汽车对象的模板、图纸。对象是一个个具体实在的个体,一个类可以对应多个对象。如果将对象比作具体的汽车,那么类就是汽车的设计图纸。类和对象的区别如下:

类是实体对象的模型,是抽象的、不具体的概念,对象是根据模型创造的具体实体。通过定义模型,可以规定实体对象所具有的属性和行为。

5.2 类的设计与 UML 建模

面向对象程序分析经常使用 UML 建模。UML(Unified Modeling Language,统一建模语言)由 OMG 组织(Object Management Group,对象管理组织)在 1997 年发布。UML 的目标之一就是为开发团队提供标准通用的设计语言。UML 提出了一套 IT 专业人员期待多年的统一的标准建模符号。使用 UML,IT 人员能够阅读和交流系统架构与设计规划,就像建筑工人多年来所使用的建筑设计图一样。UML 提供了一种适用于所有面向对象方法学的标准记号体系。

类是描述一类对象的属性(Attribute)和行为(Behavior)。在 UML 中,类用划分成三部分的矩形表示。图 5.1 所示为 UML 表示的 Car 类。

Car
-brand:String -color:String
+ Car() + Car(String,String) + getBrand():String + getColor():String

图 5.1　Car 类图

矩形的第一部分是类名。类名应尽量用领域中的术语,要明确、无歧义,利于开发人员与用户之间的相互理解和交流。一般而言,类的名字是名词。

矩形的第二部分是类的属性,用以描述对象的共同特点,该项可省略。图 5.1 中 Car 类有 brand、color 特性。类的属性能够描述并区分每个对象。根据图的详细程度,类的属性可以包括属性的可见性、属性名称、类型、默认值和约束特性。UML 规定类的属性的语法为:

可见性　属性名：　类型 =默认值

不同属性具有不同的可见性,即访问控制权限。常用的可见性有 public、private、protected 和默认 4 种,在 UML 中分别用＋、－、♯和“无”表示。图 5.1 中 brand 属性描述为“- brand：string”,表示 brand 属性的访问范围是 private。

类的操作(Operation)项可省略。操作用于修改、查找类的属性或执行某些动作。操作通常也称为功能,它们被约束在类的内部,只能作用到该类的对象上。操作名、返回类型和参数表组成操作界面。UML 规定操作的语法如下:

可见性 操作名 (参数表)：返回类型

如图 5.1 中的 getBrand 操作,其中“＋”表示该操作可被所有类访问,返回类型为字符串。

5.3　类

类将数据和方法封装在一起,数据表示属性,方法表示行为,程序的基本单元是类。对事物的所有描述都要在类中,类是面向对象的封装性的表现之一。Java 用关键字 class 表示类。

有了类的设计模型,就能产生代码。例 5.1 是根据汽车类的 UML 图开发汽车类的实现代码。

5.3.1　汽车类实例

【例 5.1】　汽车类。

```java
//Car.java
public class Car {
  private String brand;      //私有属性
  private String color;      //私有属性

  Car(){
      brand="Test";
      color="gray"
  }
```

```
    Car(String brandIn, String colorIn) {
        brand=brandIn;
        color=colorIn;
    }
    public String getBrand(){
        return brand;
    }
    public String getColor(){
        return color;
    }
}
```

　　Car 类的设计是程序员对现实世界的抽象,而类的实现是将这种抽象以机器可理解的编程语言进行重新表示。好比翻译工作,将人类语言翻译为机器语言。类的设计直接决定了类的实现。

5.3.2　定义类

　　定义类的语法为:

```
[修饰符]  class  类名
{
  属性
  方法
}
```

　　类名由用户自己定义,一般首字母大写,类名能够反映功能。Java 中程序都以类的形式存在。类中包括属性和方法,分别称为成员变量和成员方法,它们都要包含在“{ }”内。上例中,Car 类有两个成员变量 brand 和 color,有两个成员方法 getBrand()和 getColor()。一个类的方法可以直接访问同类中的任何成员变量,因此 getBrand()方法可以直接访问 brand 成员变量。成员变量 brand 和 color 前面有 private 修饰,表示私有的,只能在类的内部访问。成员方法 getBrand()和 getColor()前面有 public 修饰,表示其他类可以访问。

　　类名前也有 public 修饰,表示类可以被所有其他类访问,是公有的。public 修饰符也叫访问权限修饰符,表示访问范围,可以修饰类、方法或属性。

　　类的成员的访问权限修饰符主要有 public、private、protected 和默认的 4 种。访问权限表示属性、方法或类的可见性,即可以被其他类或方法访问(调用)的范围。Java 的成员除了成员方法和成员变量外,还有语句块、内部类等。4 种访问权限分别代表了不同的访问范围。

　　(1) 公共类型:public。

　　类的成员声明是 public 时,所有其他类都可以访问该成员。

（2）私有类型：private。

private 关键字修饰的成员是私有的，不能被该成员所在类之外的任何类访问。如例 5.1 中，属性被修饰为 private，则只能在 Car 类中访问这些属性，其他类不能访问。

（3）默认类型：default。

成员前没有写任何访问修饰符时，其访问权限是默认的包访问类型，即在同一个包（文件夹）中的类是可见的。也就是说，同一个包中的类，默认类型相当于 public；而包外的类则相当于 private。

（4）保护类型：protected。

标识为保护类型的成员用 protected 关键字修饰，成员的访问权限相当于包加继承关系的类。继承关系将在后续章节介绍。

表 5.1 所示为成员的访问修饰符和对应的可见性。

表 5.1　访问限制修饰符

可 见 性	public	protected	默认（包访问）	private
对同一个类	是	是	是	是
对同一个包中的任何类	是	是	是	否
对包外所有非子类	是	否	否	否
对同一个包中的子类基于继承访问	是	是	是	否
对包外的子类基于继承访问	是	是	否	否

访问限制修饰符不能用来修饰局部变量（方法内定义的变量），否则将会报错。而且局部变量的作用域是局部，也没有必要使用访问修饰符。

5.4　对　　象

5.4.1　创建对象

类是对现实世界的抽象。例如定义了汽车类，但要开车时使用的是某一辆具体的汽车，而不能是抽象的模型。对象是类的实例，类是对象的抽象表示。

创建类的对象使用 new 关键字和类名。类名就像 byte、int 等基本数据类型一样，表示数据的类型。对象名就是变量名。创建对象形式如下：

```
类名 对象名 =new 类名（[参数列表]）;
```

new 关键字是创建对象的重要操作，表示在内存中开辟空间，空间大小根据具体类确定。对象类型是已经定义好的类，例如创建汽车对象有如下操作：

```
Car myCar =new Car();
```

创建的对象名为 myCar，它的类型是 Car。Car 类的属性有颜色和型号，因此对象 myCar 就拥有这两个属性。对象名 myCar 是指向 new 开辟空间的引用句柄，如图 5.2 所示。在 Java 内存中有"栈"和"堆"。在方法中定义的基本类型的变量和对象的引用变量都是在栈内存中分配。堆内存用于存放由 new 创建的对象。

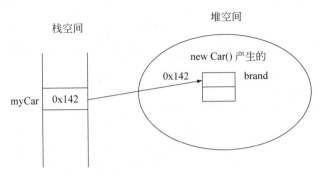

图 5.2　创建对象示意图

有时也可以不定义对象的句柄，而直接调用这个对象的方法。这样的对象叫作匿名对象，如"new Car().getBrand();"。

如果一个对象只使用一次就可以使用匿名对象。匿名对象经常作为参数传递给方法调用。

前面介绍过，方法内部的变量必须进行初始化赋值，否则编译无法通过。当对象被创建时，虚拟机会自动对成员变量进行初始化，默认值如表 4.1 所示。因此，程序中可以不对成员变量初始化。

创建新的对象之后，就可以使用"对象名.成员"的格式来访问对象的成员属性和方法。例 5.2 演示了 Car 类的对象的创建和调用对象成员。

5.4.2　使用对象

【例 5.2】　对象的使用。

```
//TestCar.java
class TestCar {
  public static void main(String args[]){
    Car carOne =new Car("audiA8", "red");
    Car carTwo =new Car("porsche", "white");

    carOne.getColor();        //对象.方法操作
    carTwo.getBrand();
  }
}
```

上面的代码在 main 方法中创建了两个 Car 类的对象。在内存中，每一次 new 都开辟一个新的内存空间。因此，两个对象分别指向不同的存储空间保存各自属性。carOne

和 carTwo 是两个完全独立的对象,类中定义的成员变量在每个对象中都单独实例化,不会被共享。例 5.2 中程序运行的内存示意图如图 5.3 所示。

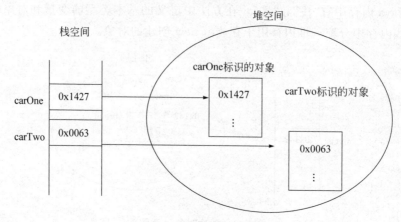

图 5.3　创建两个对象示意图

对象是具体的实例,上例中汽车类的对象有奥迪车,奥迪车是红色的。对象的属性有具体值。而类是抽象的,类中定义的属性、操作只是概念,没有具体数值。

5.5　成员变量与局部变量

声明和使用变量要遵循一个原则,就是变量只在其作用域的范围内有效。根据作用域不同,变量可以划分为两种:

(1) 成员变量。在类中声明,在类中任何位置可以被访问。

(2) 局部变量。在方法的内部或者代码块中声明,在该方法或者代码块内部可以访问,超出该范围则无法访问。

【例 5.3】　成员变量和局部变量实例。

```java
//Car.java
public class Car {
    private String brand;              //成员变量 brand
    private String color;              //成员变量 color
    //局部变量 brandIn,colorIn
    Car(String brandIn, String colorIn) {
        String  getColor ="red";       //局部变量 getColor
        brand =brandIn;
        color =colorIn;
    }
    void print(){
        System.out.println(color);
        //将会编译出错,colorIn、getColor 超出了作用域
        System.out.println(colorIn);
```

```
        System.out.println(getColor);
    }
}
```

成员变量在声明时可以不进行初始化赋值,因为系统会自动赋默认值。而局部变量在声明时系统不会赋默认值,因此局部变量必须初始化。

5.6 构 造 方 法

5.6.1 为什么需要构造方法

例 5.1 中有两个特殊的方法 Car() 和 Car(String brandIn, String colorIn)。这两个方法的特殊之处在于方法名与类名一样,它们是构造方法(Constructor)。为什么要在类中定义构造方法呢？思考一下：如果创建某个类的对象,需要对属性赋值,有了具体数值,对象才是确定的实例而非抽象的概念。例如,红色奥迪车,计算机专业的张三同学。对象一定是具体的实体。具体就体现在它们的属性是有数值的。那么什么时候给属性赋值呢？当然是越早越好,最早的时刻是对象创建时,由此就有了构造方法,它在对象创建时调用。为便于记忆,构造方法的名字同类名。对象创建的语句是：

类名　对象名 =new 类名(); ⟵ 构造方法

new 后面的方法就是构造方法。创建对象时是通过调用构造方法为对象的成员变量赋初始值。当构造方法没有参数时,虚拟机会自动给成员变量赋默认值;当构造方法有参数时,将按照传递的参数初始化成员变量。可见,构造方法的作用是初始化成员变量。当一个类的对象用 new 产生时,构造方法就会自动调用。可以在构造方法中加入要完成初始化工作的代码。

总之,构造方法是类的一种特殊方法,它的特殊性主要体现在如下几个方面：

(1) 构造方法的方法名与类名相同。

(2) 构造方法没有返回值,不加 void 修饰,也不能在方法中使用 return 语句。

(3) 构造方法的主要作用是初始化成员变量。

(4) 构造方法的调用比较特殊,是在创建类的新对象时由系统自动调用该类的构造方法,并且只调用一次。

Java 中可以不定义构造方法,系统会生成一个默认的构造方法。这个构造方法的名字与类名相同,它没有任何参数。但如果用户自定义了构造方法,系统将不再生成无参数的构造方法。

【例 5.4】 构造方法实例。

定义一个圆类：有半径属性;有一个构造方法,构造方法中有半径参数,为成员变量赋值。创建两个半径分别为 3 和 5 的圆。

```
//Circle.java
public class Circle {
  double r;
  public  Circle (int rIn) {                  //带参数的构造方法
     r =  rIn;
     System.out.println(r);
  }
  public static void main(String as[]) {
     //创建对象时调用构造方法,注意带参数
     Circle c1 =new Circle(5);
     Circle c2 =new Circle(3);
  }
}
```

实例中,构造方法有一个参数——半径 *r*。创建对象时使用的语句为"Circle c1 = new Circle(5);"。可见,创建新对象是通过调用构造方法实现的。由于构造方法带一个参数,调用时必须有参数。如果不带参数,由于不存在不带参数的构造方法,因此编译将出错。

注意,构造方法定义时必须与类名相同,没有返回值,在方法内部不允许用 return 语句。构造方法的参数可以有 0 个或多个。一个类也可以定义多个构造方法,方法的名字相同,但参数不同,这种情况叫作方法重载。

5.6.2 构造方法重载

【例 5.5】 构造方法重载实例。

```
//Person.java
class Person {
  private String name ="unknown";
  private     int age  =-1;

  //不带参数的构造方法
  public Person(){
    System.out.println("constructor1 is calling");
  }

  //有一个参数的构造方法
  public Person(String nameIn){
    name =nameIn;
    System.out.println("constructor2  is calling");
    System.out.println("name is:" +name);
  }

  //有多个参数的构造方法
  public Person(String nameIn, int ageIn){
```

```
      name =nameIn;
      age =ageIn;
      System.out.println("constructor3 is calling");
      System.out.println("name and age is:" +name +";" +age);
   }

   public void shout(){
      System.out.println("I'm happy.");
   }
}


TestPerson.java
class TestPerson {
   public static void main(String ags[]){
      //调用不带参数的构造方法创建 P1 对象
      Person p1 =new Person();
      p1.shout();

      //调用带一个参数的构造方法创建 P2 对象
      Person p2 =new Person("Tommy");
      p2.shout();

      //调用带多个参数的构造方法创建 P3 对象
      Person p3 =new Person("Jenny", 20);
      p3.shout();
   }
}
```

Person 类有三个构造方法,分别是不带参数、带一个参数、带两个参数。方法名相同,但参数类型不同或个数不同的情况称为方法重载。构造方法重载是比较常见的。调用构造方法时,编译器根据参数情况判断用哪个。

每个类里至少有一个构造方法,如果程序没有定义构造方法,系统会自动为类产生一个默认的构造方法。默认的构造方法没有参数,在方法体内也没有代码,即什么也不做。下面程序中 Construct 类的两种写法是一样的效果。

`class Construct{`
 	
`}`
	`class Construct{`
	`  public Construct()`
	`  {    }`
	`}`

第一种写法虽然没有声明构造方法,但也可以用 new Construct()语句来创建类的实例对象,因为系统生产了默认的构造方法。

由于系统提供的默认构造方法往往不能满足要求,因此需要自定义类的构造方法。一旦为类定义了构造方法,系统就不再提供默认的构造方法。

```
class Car {
    String brand;
    public Car(String brandIn) {
        brand =brandIn;
    }
    public static void main(String args[]) {
        Car mycar =new Car();   //调用构造方法时出错
    }
}
```

编译上面的程序将会报错。错误的原因就在于 new Car()创建 Car 类的实例对象时要调用没有参数的构造方法，而程序没有定义无参数的构造方法，定义了一个有参数的构造方法，系统将不再自动生成无参数的构造方法。针对这种情况，应注意：只要定义有参数的构造方法，都需要再定义一个无参数的构造方法。

5.7 this 关键字

构造方法的作用是对成员变量进行初始化，在初始化变量时，有时会出现命名冲突问题。

【例 5.6】 命名冲突问题。

```
class Car{
    String brand;              //成员变量
    public Car(String brand ){
        brand =brand;          //初始化成员变量
    }
}
```

方法体中语句意图很好，右边代表形式参数，左边代表成员变量，可是一条赋值语句中完全相同的变量会代表两个不同的变量吗？这是不可以的。

这个问题涉及变量的作用域。变量的作用域表示变量的有效范围。在例 5.6 的构造方法中，成员变量和局部变量都处于作用域的范围之内，如何进行区分呢？解决方案是使用关键字 this。关键字 this 表示当前类，它有三种用法，下面分别介绍。

(1) 表示类中的成员。

(2) 使用 this 调用构造方法。

(3) 表示当前对象。

5.7.1 this 表示类的成员

this 表示类的成员时，使用方法为：

```
this. 成员
```

其中成员可以是成员变量,也可以是成员方法。解决例 5.6 的命名冲突问题时,可以使用 this 加以区分。

```
class Car {
    String brand;                   //成员变量

    public Car(String brand) {
        this.brand =brand;          //使用 this 表示类的成员
    }
}
```

this. brand 表示类的成员变量,而不加 this 的变量依然表示方法内定义的局部变量。这样即使局部变量和成员变量名称相同,也不会混淆。在对成员变量赋值时,经常使用"this. 成员变量"来明确指出当前变量是类的成员变量。

5.7.2 this 调用构造方法

this 还可以调用构造方法。一个类可以有多个构造方法,多个重载的构造方法之间可以相互调用。调用时除了使用构造方法名称进行调用外,还可以使用 this 关键字,具体形式为:

```
this(参数列表);
```

注意:this 与()之间没有".",也不能写出构造方法的名称。

下面将修改例 5.5,使用 this 调用构造方法。

【**例 5.7**】 this 实例。

```
//PersonUseThis.java
  public class PersonUseThis{
    private String name;
    private     int age;

  //不带参数的构造方法
  public PersonUseThis(){
    name ="";
    age =0;
    System.out.println(" constructor1 is calling...");
  }

  //带一个参数,为 name 赋值的构造方法
  public PersonUseThis(String name){
    this.name =name;            //用 this 表示类的成员变量 name
    System.out.println(" constructor2 is calling...");
  }
```

```
//带两个参数的构造方法
public PersonUseThis(String name, int age){
   this(name);          //用 this 调用带一个参数的构造方法,注意没有"."
   this.age =age;
   System.out.println(" constructor3 is calling...");
}


public void getInfo(){
   System.out.println("name is :" +name);
   System.out.println("age is :" +age);
   //用 this 表示当前对象
   System.out.println("person class" +this);
   }
}
Test.java
  class Test{
  public static void main(String args[]){
  PersonUseThis  p1 =new PersonUseThis("Mike", 20);
  PersonUseThis  p2 =new PersonUseThis("Tom", 22);
  System.out.println("main:" +p1);
  p1.getInfo();
  System.out.println("main:" +p2);
  p2.getInfo();
  }
}
```

实例中,通过 this()调用其他构造方法。需要注意的是,构造方法中如果有 this()
调用,this()调用必须是方法的第一条语句。也就是说,在构造方法中调用其他的构造方
法,最多只能调用一次。另外,this()调用不能出现在非构造方法中。

5.7.3　this 表示当前对象

this 也可以直接使用,表示当前对象。例如,上例中 getInfo()方法使用 this 输出当
前对象。

```
public void getInfo() {
    System.out.println("name is :" +name);
    System.out.println("age is :" +age);
    //用 this 表示当前对象
    System.out.println("person class" +this);
}
```

当调用 getInfo()方法时,哪个对象调用,哪个对象就是当前对象。this 的值是当前对象
的首地址。main 方法调用时,p1. getInfo()内将输出对象 p1 的首地址,p2. getInfo()内将输
出对象 p2 的首地址。

```
public static void main(String args[]) {
    PersonUseThis  p1 = new PersonUseThis("Mike", 20);
    PersonUseThis  p2 = new PersonUseThis("Tom", 22);
    System.out.println("main:" + p1);
    p1.getInfo();                        //当前对象是 p1
    System.out.println("main:" + p2);
    p2.getInfo();                        //当前对象是 p2
}
```

5.8　static 修饰符

　　类是描述某类对象的属性和行为,并没有产生实质的对象。只有通过 new 关键字才会创建对象。new 操作时系统会分配内存空间给对象,每个对象有独立的存储空间。有时候希望无论产生了多少对象,某些数据在内存中只有一份。例如在相同班级的学生都有一个属性——班级名。如何让相同班级的学生共享这个班级名属性呢?可以使用关键字 static。用 static 关键字修饰的成员变量或方法称为静态成员或类成员,它不依赖于特定对象。系统只在实例化类的第一个对象时为静态成员分配内存,以后再生成类的实例对象时,将不再为静态成员分配内存,不同对象的静态成员将共享同一内存空间,如图 5.4 所示。

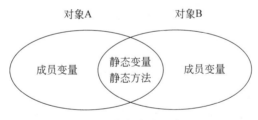

图 5.4　静态成员示意图

5.8.1　静态变量

　　前面定义了车类(Car),有车的商标属性(brand)。假设管理对象仅为奥迪车,则每用 new 创建一辆奥迪车对象就要在内存中开辟一个空间存储 brand = audi。有多少个对象就要存储多少次 brand。其实所有车的商标都是奥迪,因此希望 brand 属性能够被所有对象共享,创建任何对象都共享这个属性,这样的变量可以定义为类变量(或静态变量),用关键字 static 修饰,见例 5.8。

　　【例 5.8】　static 变量的使用。

```
//Car.java
class Car {
    static public String brand = "audi";          //静态变量
```

```
    private String color;

    public Car(String colorIn) {
        color =colorIn;
    }
    public String getBrand(){
        return brand;
    }
    public String getColor(){
        return color;
    }

public static void main(String args[]) {
                                    //类名.静态变量
        System.out.println("Car's brand is: "+Car.brand);

        Car mycar=new Car("red");
                                    //对象名.静态变量
        System.out.println("mycar's brand is: "+mycar.brand);
        mycar.brand ="Buick";
        System.out.println("Car's brand is: " +Car.brand);
        System.out.println("mycar's brand is: "+mycar.brand);
    }
}
```

运行结果：

```
Car's brand is: audi
Mycar's brand is: audi
Car's brand is: Buick
Mycar's brand is: Buick
```

　　成员变量前有 static 修饰，成员变量就变为静态变量。静态变量在内存中只存储一次，所有实例对象都共享这一内存空间。可以说静态变量是属于类而非对象，因此又称为“类变量”。由于与对象无关，因此在使用静态变量时可以使用“类名. 类变量”形式访问，如上例中的 Car. brand。当然，也可以先创建对象，通过对象调用类变量，如上例中的 mycar. brand。由于所有对象共享存储类变量的空间，因此无论哪个对象修改了类变量的值，所有对象的类变量值都发生了变化。

　　注意：不能把任何方法体内的变量声明为静态变量，如下操作是不对的。

```
fun() {
    static int i =0;
}
```

　　用 static 标识符修饰的变量，它们在类被载入时创建，只要类存在，static 变量就存在。由于静态变量能被各实例对象所共享,所以用它来实现一些特殊效果。例如可以统计在程序中一共产生了多少实例对象。

【**例 5.9**】 使用静态变量计数。

```
//Count.java
class Count {
    int serialNumber;
    static private int counter =0;                //类变量

    public Count(){
        counter++;
        serialNumber =counter;
    }
}

public class ObjectTest {
    public static void main(String args[]){
        System.out.println("Count.counter is " +Count.counter);
        Count Tom =new Count();
        Count John =new Count();
        System.out.println("Tom's serialNumber is " +Tom.serialNumber);
        System.out.println("John's serialNumber is " +John.serialNumber);
        System.out.println("Now Count.counter is " +Count.counter);
    }
}
```

运行结果:

```
Count.counter is 0
Tom's seriaNumber is 1
John's seriaNumber is 2
Now Count.counter is 2
```

在这个例子中,每产生一个类 Count 的实例对象都会调用类的构造方法,在构造方法中将 counter 加 1,就可以统计出总共产生了多少个 Count 的实例对象。每一个对象都得到唯一的 serial number,它从初始值 1 开始递增。由于变量 counter 定义为类变量,被所有对象所共享,因此当一个对象的构造方法将值加 1 后,下一个将要被创建的对象所看到的 counter 值就是递增之后的值。为了防止外面的程序直接修改 counter 变量,用 private 关键字限定 count 变量的访问权限为在类内部访问。

5.8.2 静态方法

静态方法是用 static 修饰的方法。同静态变量一样,静态方法可以用类名直接访问,也可以用类的实例对象来访问。例 5.10 是使用静态方法实现同样花色的 13 张扑克牌洗牌操作实例。

【例 5.10】 洗牌。

```java
//PlayCard.java
class PlayCard{
    static String[] rank ={"2","3","4","5","6","7",
            "8","9","10","Jack","Queen","King","Ace"};

    public static int uniform(int N) {
        //创建一个 0 到 N 的随机整数
        return (int) (Math.random() * N);
    }

    public static void exch(String[] a, int i, int j) {
        //将字符串数组 a 中下标为 i 和 j 的值交换
        String t =a[i];
        a[i] =a[j];
        a[j] =t;
    }

    public static void shuffle(String[] a)     {
        //将数组 a 中数值的顺序随机交换
        int N =a.length;
        for(int i =0; i <N; i++)
            exch(a, i, i +uniform(N-i));
    }

    public static void main(String args[])     {
        String[] mycard =new String[13];
        //将 rank 数组的值复制到 mycard 中
        System.arraycopy(rank, 0, mycard, 0, 13);
        shuffle(mycard);
        for(int i =0; i <mycard.length; i++)
            System.out.print(mycard[i] +"   ");
    }
}
```

运行结果：

```
King 3 Ace 5 7 8 2 4 9 Jack 10 6 Queen
```

　　静态方法里只能直接调用同类中的其他静态成员(包括变量和方法)，而不能直接访问类中的非静态成员。上例中静态方法 shuffle 直接调用静态方法 exch。这是因为非静态的方法和变量需要先创建实例对象后才可以使用；而静态方法不需要创建任何对象，只要类存在就可以调用。普通的成员方法创建时间晚于静态方法，因此静态方法不可以直接访问普通的成员方法。

5.8.3 main 方法详解

main()方法是静态方法,因此 JVM 创建 main 方法时间较早,不依赖于对象。main 方法不能直接访问类中的非静态成员,需要创建实例对象,通过对象访问非静态成员。

如果一个类可以被 Java 解释器装载运行,那么这个类中必须有 main 方法。下面再来回顾 main 方法的语法。由于 Java 虚拟机需要调用类的 main 方法,所以该方法的访问权限必须是 public。又因为 Java 虚拟机在执行 main 方法时不必创建对象,所以该方法必须是 static 的。该方法接收一个 String 类型的数组参数,该数组中保存执行 Java 命令时传递给运行类的参数。例 5.11 介绍如何向 main 方法传递参数和取得输入参数。

【例 5.11】 main 方法详解。

```java
class TestMain {
    public static void main(String[] args) {
        for(int i =0; i <args.length; i++)
            System.out.println(args[i]);
    }
}
```

运行效果如下:

```
D:\javawork>javac TestMain.java
D:\javawork>java TestMain this is Testmain program
this
is
Testmain
program
```

运行时,在执行命令 java TestMain 之后输入几个字符串,每个参数之间用空格分开。字符串会存储在 main 方法的 args 参数中。

5.8.4 静态成员特点

类的静态成员是指被 static 修饰的成员变量或成员方法。静态成员具有如下特点:

(1) 静态变量在内存中只有一个,JVM 在加载类的时候为静态变量分配内存,被类的所有实例共享。

(2) 静态变量可以直接通过类名进行访问,也可以通过类的实例访问。

(3) 静态变量的生命周期与类的生命周期同步,当加载类时。静态变量创建并分配内存。

(4) 当类销毁时,静态变量也随之销毁并撤销所占的内存空间。

(5) 静态方法不能直接访问所属类中的非静态变量和非静态方法。

5.9 String 类

第 2 章介绍过字符串,其实字符串是引用类型数据,是 String 类的实例。String 类提供了多种控制字符串的方法。

首先,String 类有多个构造方法。如要创建一个空字符串,可以采用如下方式:

```
String str;
str =new String();
```

或

```
String str =new String();
```

以上代码完成了两件事,声明对象名 str,并在内存中开辟了空间。也可以在创建 String 类对象时赋值:

```
String str =new String("Hello");
```

上面代码创建了值为 Hello 的字符串。还有一种方法是用重载赋值运算符(=)赋值。"="赋值运算符可以用于 double、int、float 等数据类型,也支持字符串类型的赋值。

```
String str ="Hello";
```

提示:String 类是唯一在创建对象时可以不使用 new 运算符的类。String 类还有许多其他有用的方法,如表 5.2 所示。

表 5.2　String 类的常用方法

方　法　名	描　　述	输　入　参　数	输　出　参　数
length	返回字符串长度	无	一个 int 类型整数
charAt	接收一个整数,返回字符串中索引为该整数的字符。注意索引从 0 开始	一个 int 类型整数	一个 char 类型字符
subString	接收两个整数(例如 m 和 n),返回从 m 个字符开始到 $n-1$ 个字符为止的子串。注意,索引从 0 开始	两个 int 类型整数	一个 String 对象
concat	将字符串连接	一个 String 对象	一个 String 对象
toUpperCase	返回原字符串的大写形式	无	一个 String 对象
toLowerCase	返回原字符串的小写形式	无	一个 String 对象

续表

方　法　名	描　　　述	输 入 参 数	输 出 参 数
compareTo	字符串比较,如果两个字符串相同,返回 0。如果参数比对象字符串在字母表顺序靠前,返回正数;否则返回负数	一个 String 对象	一个 int 类型整数
equals	字符串比较,相同返回 true,否则返回 false	任何类的对象	一个 boolean 值
equalsIgnorCase	忽略大小写,比较两个字符串	一个 String 对象	一个 boolean 值
startsWith	接收一个字符串(例如 str),如果原字符串以 str 开始,返回 true;否则返回 false	一个 String 对象	一个 boolean 值
endsWith	接收一个字符串(例如 str),如果原字符串以 str 结束,返回 true;否则返回 false	一个 String 对象	一个 boolean 值
trim	删除字符串开始或结尾的空格	无	一个 String 对象

String 类中的其他方法可查阅 JDK 帮助文档。例 5.12 展示部分方法的使用。

【例 5.12】　String 类方法实例。

```java
//StringTest.java
  import java.util.*;
    public class StringTest {
      public static void main(String args[]) {
        Scanner sc =new Scanner(System.in);
        String str =new String();
        System.out.print("Enter a string:");
        str =sc.next();
        System.out.println("The length of the string is:"+str.length());
        System.out.println("The character at position 3 is:"+str.charAt(2));
        System.out.println("Characters 2 to 4 are:"+str.substring(1,4));
        System.out.println(str.concat(" was the string entered."));
        System.out.println("This is upper case:"+str.toUpperCase());
      }
    }
```

运行结果:

```
Enter a string:Chinese
The length of the string is:7
The character at position 3 is:i
Characters 2 to 4 are:hin
Chinese was the string entered.
This is upper case:CHINESE
```

比较两个对象,例如字符串是否相同,可以用 equals 方法。不可以使用双等号运算符(＝＝)。双等号运算符是比较两个变量数值是否相同。如果是对象比较,是比较两个对象的引用地址是否相同,不是比较内容。例如,声明了两个字符串 firstString 和 secondString,比较字符串的内容是否相同:

```
if( firstString.equals(secondString)) {
    //more code here
}
```

String 类还有一个 compareTo 的方法,该方法接收一个字符串与对象本身的字符串比较。如果两个字符串相同,则返回 0。如果原字符串在字母表中比参数靠前,则返回一个负数;靠后则返回一个正数。

【例 5.13】 compareTo 方法使用示例。

```
//StringComp.java
  import java.util.*;
    public class StringComp {
      public static void main(String args[]) {
        Scanner sc =new Scanner(System.in);
        String str1, str2;
        int comparison;
        System.out.print("Enter first string: ");
        str1 =sc.next();
        System.out.print("Enter second string: ");
        str2 =sc.next();
        comparison =str1.compareTo(str2);
        if (comparison <0)
            System.out.println(str1 +" comes before " +str2);
        else if (comparison >0)
                System.out.println(str2 +" comes before " +str1);
            else
                System.out.println("They are identical");
      }
    }
```

运行结果:

```
Enter first string: tomorrow
Enter second string: Monday
Monday comes before tomorrow
```

需要注意的是,compareTo 方法对字母的大小写是敏感的。如果程序员不管字母的大小写形式,应该在比较前将字母转换为大写或小写形式。如果只关心两个字符串是否一样,那么使用 equals()方法更简单些。如果字母的大小写形式不重要,使用 equalsIgnoreCase()方法。

5.10 对象参数实例

前面介绍过,当一个简单类型变量作为方法的输入参数时,传递的仅仅是变量的值。数组作为变量传递时,传递的是存储数组的首地址(引用值),因此被调用方法可以改变数组元素的值。对象作为参数会是怎样呢?

图 5.5 设计了银行账户类,该类实现对账户存钱、取钱、查询等功能。UML 类图中的 static 成员用下画线表示。

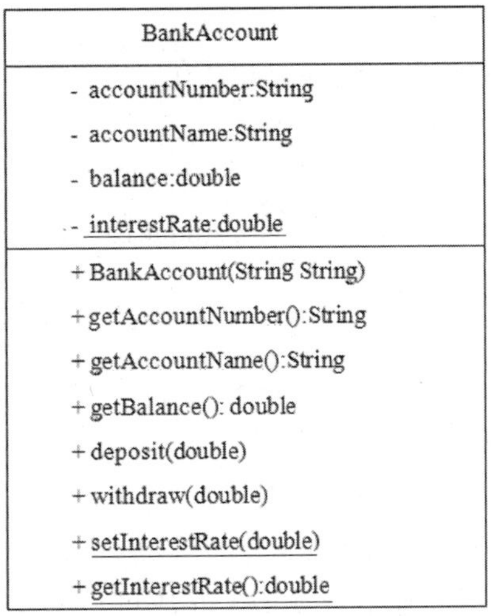

BankAccount
- accountNumber:String
- accountName:String
- balance:double
- <u>interestRate:double</u>
+ BankAccount(String String)
+getAccountNumber():String
+getAccountName():String
+ getBalance(): double
+ deposit(double)
+ withdraw(double)
+ setInterestRate(double)
+ <u>getInterestRate():double</u>

图 5.5 BankAccount 类图

【例 5.14】 BankAccount 类。

```java
//BankAccount.java
public class BankAccount{
    private String accountNumber;
    private String accountName;
    private double balance;
    private static double interestRate;

    public BankAccount(String numberIn, String nameIn){
            accountNumber=numberIn;
            accountName=nameIn;
            balance=0;
    }

    public String getAccountName(){
        return accountName;
    }
```

```java
    public String getaccountNumber(){
        return accountNumber;
    }

    public double getBalance(){
        return balance;
    }

    public void deposit(double amountIn){
        balance=balance +amountIn;
    }

    public void withdraw(double amountIn){
        balance=balance -amountIn;
    }

    public static void setInterestRate(double rateIn){
        interestRate=rateIn;
    }

    public static double getInterestRate(){
        return interestRate;
    }
}
```

设计有 ParameterTest 类,有 test 方法,方法可以对某个银行账户存钱,代码如例 5.15 所示。

【例 5.15】 BankAccount 作为输入参数示例。

```java
//ParameterTest.java
public class  ParameterTest{
  private static void test(BankAccount accountIn){
    accountIn.deposit(6000);
  }

  public static void main(String[] args){
    BankAccount  myAccount=new BankAccount("1", "Susam");
    test(myAccount);
    System.out.println("Account Number: " +myAccount.getAccountNumber());
    System.out.println("Account Name: " +myAccount.getAccountName());
    System.out.println("Balance:  " +myAccount.getBalance());
  }
}
```

运行结果为:

```
Account Number: 1
Account Name: Susam
Balance: 6000.0
```

本例子中,test 方法的输入参数是 BankAccount 类型。BankAccount 是自定义类,属于复合数据类型(引用类型)。使用类的对象作为输入参数,传递到方法内部的是 BankAccount 对象的引用,即指向 BankAccount 对象的地址。main 方法执行到 test(myAccount)语句时进行的操作为:

调用 test 方法,将实际参数赋值给形式参数,即:

```
accountIn = myAccount;
```

这样,accountIn 对象指向 myAccount 对象的引用,也就是两个对象名引用同一个存储 BankAccount 对象的首地址。accountIn 对象调用存款方法,修改了余额。main 方法中,用 myAccount 对象查询余额时会发现余额也被修改了。原因就在于两个对象引用的是相同地址。

5.11 聚 集 类

前面介绍的数组元素的数据类型都是基本数据类型,其实类也可以作为数组的数据类型。比如例 5.10 的 BankAccount 类,银行要管理多个银行账户,因此就有必要建立一个 BankAccount 类型的数组。一个类包含许多有相同类型的数据项称为聚集(Collection)类。在日常生活中经常看到聚集类的例子:

- 一辆飞机载有很多乘客;
- 一个邮包装有很多信件;
- 一封邮件包含很多文字;
- 一个银行有很多客户。

正如例子中看到的,一些聚集类可以包含其他的聚集类。

一个对象本身包含其他对象,这种关系称为聚合(Aggregation)关系。聚合关系通常指部分与整体之间的关系,在 UML 中用空心菱形表示。例如,飞机对象和乘客之间的关系可以认为是聚合关系。组成(Composition)关系是一种特殊的、更强的聚合形式,这种关系中整体依赖于部分,在 UML 中用实心菱形表示。例如,汽车与其发动机之间的关系就是组成关系,因为汽车不能脱离引擎而存在。聚集类是聚合关系的一种实现。下面以银行管理很多银行账户为例介绍聚合关系的实现。

5.11.1 聚集类实例

银行会管理很多银行账户,银行和银行账户之间是整体与部分的关系,即聚合关系。银行相当于是很多银行账户的容器,用 UML 关系表示如图 5.6 所示。

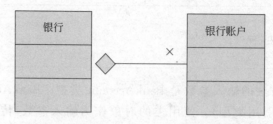

图 5.6 银行对象包含多个银行账户对象

指向银行的空心菱形表示银行是容器,连接线另一端的星号表示银行对象包含 0 个或多个银行账户对象。银行类的 UML 设计如图 5.7 所示。

Bank
- list: BankAccount[]   - total:int
+ Bank (int)   + search(name:String):int   + getTotal():int   + add(BankAccount):boolean   + getItem(String) : BankAccount   + depositMoney(String,double): boolean   + withdrawMoney(String,double):boolean   + remove(String): boolean

图 5.7 Bank 类的设计

Bank 类中包含两个属性,BankAccount 类的聚集类和一个记录当前账户总数的整数。下面介绍 Bank 类中的方法。

1. Bank(int)

这是一个构造方法。它接收一个整数参数,该参数代表允许账户的最大个数,并且相应地创建一个银行账户数组。通过这种方式,用户可以在运行过程中决定数组的大小。

2. int search(name:String)

这是一个辅助方法,被声明为 private。它接收一个表示账户编号的字符串参数,返回输入编号对应的账户数组下标。如果账户编号不存在,那么将返回一个错误的下标(-999),表示查找失败。

3. int getTotal()

该方法仅仅返回当前系统中账户的总数。

4. boolean add(BankAccount)

该方法接收了一个 BankAccount 对象参数,并将其添加到账户列表中。如果操作成功,方法返回 true,否则返回 false。

5. BankAccount getItem(String)

该方法接收一个代表账户编号的字符串参数,返回账户编号 BankAccount 对象。如果账户编号无效,返回 null。

6. boolean depositMoney(String,double)

第一个参数是字符串,代表账户编号;第二个 double 类型参数是存款额。如果存款操作成功完成则返回 true,否则返回 false。

7. boolean withdrawMoney(String,double)

与上面方法一样,但完成取款操作。

8. boolean remove(String)

该方法接收一个代表账户编号的字符串参数,并将该账户从列表中删除。如果删除成功则返回 true,否则返回 false。

Bank 类的程序代码如例 5.16 所示。仔细研究程序,接下来将继续讨论。

【例 5.16】 银行聚集类。

```java
//Bank.java
public class Bank{
    private BankAccount[]  list;
    private  int total;

    public  Bank (int  sizeIn){
        list =new BankAccount[sizeIn];
        total =0;
    }
    public int search(String accountNumberIn){
        for (int i =0; i <total; i++){
            BankAccount  tempAccount=list[i];
            String tempNumber =tempAccount.getaccountNumber();
            if (tempNumber.equals(accountNumberIn))
                return i;
        }
        return -999;
    }

    public int getTotal(){
        return total;
    }
    public  boolean add(BankAccount  accountIn){
        if(total ==list.length)
```

```
                    return false;
                else{
                    list[total] =accountIn;
                    total++;
                    return true;
                }
            }
    public  BankAccount getItem(String accountNumberIn){
        int index;
        index =search(accountNumberIn);
        if(index ==-999)
            return null;
        else
            return list[index];
    }
    public boolean depositMoney(String accountNumberIn,double amountIn){
        int index =search(accountNumberIn);
        if(index ==-999)
            return false;
        else {
            list[index].deposit(amountIn);
            return true;
        }
    }
    public  boolean withdrawMoney(String accountNumberIn,double amountIn){
        int index=search(accountNumberIn);
        if (index ==-999)
            return false;
        else{
            list[index].withdraw(amountIn);
            return true;
        }
    }
    public  boolean remove(String  accountNumberIn){
        int index =search(accountNumberIn);
        if (index ==-999)
            return false;
        else {
            for( int i =index; i<=total-2 ; i++)
                list[i] =list[i+1];
            total--;
            return true;
        }
    }
}
```

5.11.2　银行操作主界面

主界面采用菜单驱动形式。首先提供选项,然后根据用户选择执行相应操作。用 do…while 语句做循环控制,直到用户选择退出为止。主界面调用 Bank 类和 BankAccount 类实现具体操作。

【例 5.17】　银行主界面。

```java
//BankProgram.java
import java.util.*;
public class Main{
    public static void main(String[] args){
        char choice;
        int  size;
        Scanner sc =new Scanner(System.in);
        System.out.print("input maximum number of account ?");
        size=sc.nextInt();
        Bank myBank =new Bank(size);

        do {
            System.out.println();
            System.out.println("1. Create new account");
            System.out.println("2. Remove an account");
            System.out.println("3. Deposit money");
            System.out.println("4. withdraw money");
            System.out.println("5. Check account details");
            System.out.println("6. Quit...");
            System.out.println();

            System.out.println("Enter choice 1-6: ");

            choice =sc.next().charAt(0);
            System.out.println();

            switch(choice) {
                case '1': option1(myBank); break;
                case '2': option2(myBank); break;
                case '3': option3(myBank); break;
                case '4': option4(myBank); break;
                case '5': option5(myBank); break;
                case '6':  break;
                default : System.out.println("invalid entry");
            }
        } while (choice !='6' );
    }

    private static void option1(Bank bankIn){
```

```java
        Scanner sc =new Scanner(System.in);
        System.out.println("Enter account number:");
        String number =sc.next();
        System.out.println("Enter account name:");
        String name =sc.next();
        BankAccount account =new BankAccount(number, name);
        boolean ok =bankIn.add(account);
        if( !ok )
            System.out.println(" The list is full");
        else
            System.out.println("Account create");
}
private static void option2(Bank bankIn){
    Scanner sc =new Scanner(System.in);
    System.out.println("Enter account number:");
    String number =sc.next();
    boolean ok =bankIn.remove(number);
    if ( !ok )
        System.out.println("No such account number");
    else
        System.out.println("Account removed.");
}
private static void option3(Bank bankIn){
    Scanner sc =new Scanner(System.in);
    System.out.println("Enter account number:");
    String number =sc.next();
    System.out.println("Enter amount to deposit:");
    double amount =sc.nextDouble();
    boolean o =bankIn.depositMoney(number, amount);
    if( !ok )
        System.out.println("No such account number");
    else
        System.out.println("Money deposited.");
}
private static void option4(Bank bankIn){
    Scanner sc =new Scanner(System.in);
    System.out.println("Enter account number:");
    String number =sc.next();
    System.out.println("Enter amount to withdraw:");
    double amount =sc.nextDouble();
    boolean ok =bankIn.withdrawMoney(number,amount);
    if( !ok )
        System.out.println("No such account number");
    else
        System.out.println("Money withdrawn.");
}
private static void option5(Bank bankIn){
    Scanner sc =new Scanner(System.in);
```

```
            System.out.println("Enter account number:");
            String number = sc.next();
            BankAccount account = bankIn.getItem(number);
            if (account == null)
                System.out.println("No such account number");
            else {
                System.out.println("Account number: " + account.getaccountNumber());
                System.out.println("Account name: " + account.getAccountName());
                System.out.println("Balance: " + account.getBalance());
                System.out.println();
            }
        }
    }
}
```

运行演示：

```
input maximum number of account ? 2000
1. Create new account
2. Remove an account
3. Deposit money
4. withdraw money
5. Check account details
6. Quit...
Enter choice 1-6:
1
Enter account number:
1001
Enter account name:
Judy
Account create
1. Create new account
2. Remove an account
3. Deposit money
4. withdraw money
5. Check account details
6. Quit...
Enter choice 1-6:
3
Enter account number:
1001
Enter amount to deposit:
3000
Money deposited.
1. Create new account
2. Remove an account
3. Deposit money
4. withdraw money
```

```
5. Check account details
6. Quit...
Enter choice 1-6:
4
Enter account number:
1001
Enter amount to withdraw:
2000
Money withdrawn.
1. Create new account
2. Remove an account
3. Deposit money
4. withdraw money
5. Check account details
6. Quit...
Enter choice 1-6:
5
Enter account number:
1001
Account number: 1001
Account name: Judy
Balance: 1000.0
1. Create new account
2. Remove an account
3. Deposit money
4. withdraw money
5. Check account details
6. Quit...
Enter choice 1-6:
6
```

在 option1 中使用 Bank 类的 add 方法，调用语句为"bankIn. add(account);"。如果账户添加成功则返回 true，否则返回 false。

```java
private static void option1(Bank bankIn){
    Scanner sc =new Scanner(System.in);
    System.out.println("Enter account number:");
    String number =sc.next();
    System.out.println("Enter account name:");
    String name =sc.next();
    BankAccount account =new BankAccount(number, name);
    boolean ok =bankIn.add(account);
    if( !ok )
        System.out.println(" The list is full");
    else
        System.out.println("Account create");
}
```

需要指出的是,如果程序需要存储账户信息,尤其是程序终止执行后,那么可以使用文件来保存,后面章节将学习如何创建存储永久记录的文件。

5.12　内　部　类

在一个类内部定义类,这就是嵌套类,也叫内部类。嵌套类可以直接访问嵌套它的类的成员,包括 private 成员。但是,嵌套类的成员却不能被嵌套它的类直接访问。

5.12.1　类中定义的内部类

在类中直接定义的嵌套类的使用范围仅限于这个类的内部,也就是说 A 类里定义了一个 B 类,那么 B 被 A 所知,但不被 A 以外所知。内部类的定义和普通类没什么区别,它可以直接访问和引用它的外部类的所有变量和方法,就像外部类中其他的非 static 成员的功能一样。和外部类不同的是,内部类可以声明为 private 或 protected。下面的程序说明如何定义和使用内部类。名为 Outer 的类定义了一个实例变量 outeri,一个 test()方法和一个名为 Inner 的内部类。

【例 5.18】　内部类。

```java
//Outer.java
class Outer {
    int outeri=100;

    void test(){
        Inner in =new Inner();
        in.display();
    }
    class Inner{
        void display() {
            System.out.println("display: outeri=" +outeri);
        }
    }
}
class InnerClassTest {
    public static void main(String ags[]) {
        Outer outer =new Outer();
        outer.test();
    }
}
```

运行结果:

```
Display: outeri=100
```

在程序中,内部类 Inner 定义在 Outer 类的范围之内。因此,在 Inner 类之内的 display()方法可以直接访问 Outer 类的变量 outeri。

内部类使得程序代码更为紧凑,程序更具模块化。读者可以试试如何将上面程序的 Inner 类改写到 Outer 类的外部。如果你试图这样做了,并感觉到有些棘手的话,就非常容易明白下面的结论:当一个类中的程序代码要用到另一个类的实例对象,而另一个类中的程序代码又要访问第一个类中的成员,将另外一个类做成第一个类的内部类,程序代码就容易编写得多。这样的情况在实际应用中非常多。

一个内部类可以访问它的外部类的成员,但是反过来就不成立了。内部类的成员只有在内部类的范围之内是可见的,并不能被外部类使用。例如:

```java
class Outer {
    int outeri =100;

    void test(){
        Inner inner =new Inner();
        inner.display();
    }
    class Inner{
        int y =10;
        void display(){
            System.out.println("display : outeri="+outeri);
        }
    }
    void showy(){
        System.out.println(y);
    }
}
```

编译上面的程序,会出现如下错误:

```
Outer2.java:16:找不到符号
符号:  变量 y
位置:  类 Outer
  System.out.println<y>;

1错误
```

这里 y 是作为 Inner 类的成员变量声明的,对于该类的外部它就是不可知的,因此不能被 showy()使用。

5.12.2　内部类被外部引用

内部类可以通过创建对象从外部类之外被调用,只要将内部类声明为 public 即可。

【例 5.19】　内部类被外部类调用。

```
class Outer {
    private int size =10;
    public class Inner {
        public void doStuff() {
            System.out.println(++size);
        }
    }
}
public class TestInner {
    public static void main(String args[]) {
        Outer outer =new Outer();
        outer.Inner inner =outer.new Inner();
        inner.doStuff();
    }
}
```

程序中,内部类 Inner 被声明为 public,在外部就可以创建其外部类 Outer 的实力对象,再通过 Outer 类的实例对象创建 Inner 类的实例对象,就可以使用 Inner 类的对象,并调用内部类中的方法了。

5.12.3 方法中定义的内部类

嵌套并非只能在类里定义,也可以在几个程序块的范围之内定义内部类。例如,在方法中,或在 for 循环体内部都可以定义嵌套类,如例 5.20 所示。

【例 5. 20】 在方法中定义的内部类。

```
class Outer {
    int outeri=100;

    void  test() {
        for(int i=0;i<5;i++){
            class Inner{
                void display(){
                    System.out.println("display : outeri =   " +outeri);
                } //display()
            }   //class Inner
            Inner inner =new Inner();
            inner.display();
        }            //for
    }                //test()
}                    //class Outer
class InnerClassTest {
    public static void main(String args[]){
        Outer outer =new Outer();
        outer.test();
    }
}
```

此例中,内部类定义在 test 方法内。随着 for 循环的运行,将产生多个内部类对象。

习 题 5

(1) 在一个 UML 类图中,下面的 A、B、C 中都应该存放什么内容?

A
B
C

(2) 请说明对象和类之间的关系。如何定义类?如何声明对象?如何创建对象?

(3) 构造方法和成员方法有什么不同?

(4) 应用于属性和方法时,static 修饰符的作用是什么?

(5) 假设给出下面的语句:

```
Clock firstClock=new Clock(2,4,54);
Clock secondClock=new Clock(6,33,9);
firstClock=secondClock;
```

接下来的输出语句输出内容相同吗?为什么?

```
firstClock.print();
secondClock.print();
```

(6) 考虑下面的声明:

```
public class xClass
{
    private int u;
    private double w;

    public xClass()
    {            }
    public xClass(int a, double b)
    {                  }

    public void func()
    {            }

    public void print()
    {            }
}
```

① xClass 类有多少个私有成员?

② xClass 类有多少个构造方法?

③ 定义 func 成员方法,将 u 的值设置为 0,将 w 的值设置为 15.3。

④ 定义 print 成员方法,以输出 u 和 w 的内容。

⑤ 定义 xClass 类的默认构造方法,将实例变量 u 初始化为 0。

⑥ 定义 xClass 类的带参数构造方法,将实例变量 u 初始化为 a 的值,并将 v 初始化为 b 的值。

⑦ 编写创建一个 xClass 类型的对象 t,并将对象 t 的各个实例变量分别初始化为 30,82.6。

(7) 指出下面代码有哪些错误?

```
class A{
    int  i;
    public void  A(int  j){
        int  i =j;
    }
}
```

```
public  class Test{
    public static void main(String args[]){
        A  a=new A(3);
    }
}
```

(8) 下面程序的输出结果是什么?

```
public  class  Test{
    int  i ;
    static int  s;
    public Test(){
        i++;
        s++;
    }
    public static void main(String args[]){
        Test  a =new Test();
        Test  b =new Test();
        Test  c =new Test();
       System.out.println("a.i  is " +a.i +"b.i  is " +b.i +"c.i  is " +c.i);
    }
}
```

编 程 练 习

(1) 下图描述了 Student 类的设计,编写代码。需要注意:分数的初始值是什么? 如果给每个分数赋初始值为 0 会造成混乱:分数为 0 表示分数还没有输入或者表示成绩确实为 0。可以想出更好的初始值吗?

编写一个用于测试 Student 类的测试类,测试类中可以创建两个或三个学生(或者用学生数组更好),并且使用 Student 类的方法测试它们是否按照声明执行操作。

```
Student

studentNumber:String
studentName:String
markForMaths:int
markForEnglish:int
markForScience:int

Student(String,String)
getNumber():String
getName():String
enterMarks(int,int,int)
getMathsMark():int
getEnglishMark():int
getScienceMark():int
calculateAverageMark():double
```

（2）开发一个电器商店管理系统。系统中有名为 StockItem（商品）的类。StockItem 的对象有以下属性：库存编号、货品名称、商品价格和当前存储的商品总数。

前三个属性在 StockItem 对象创建时需要被设定。库存品总数在对象创建时设置为 0。货品创建后库存变化与货品名不应该被修改。类中的方法有：

① 在对象生命周期内允许重设价格的方法。

② 接收一个整数参数，并把它添加到库存中同类型商品总数中。

③ 返回商品的总价值方法：总价值＝商品价格×库存量。

④ 读取 4 个属性的方法。

```
StocItem

-stockNumber:String
-name:String
-price:double
-totalStock:int

+StockItem(String,String, double)
+setPrice(double)
+increaseTotalStock(int)
+getStockNumber():String
+getName():String
+getTotalStock():int
+getPrice():double
+calculateTotalPrice():double
```

⑤ 编写 StockItem 类的代码。

⑥ 编写测试 StockItem 类的测试程序，要求创建一件电器 TV，将库存量增加 200 台，显示库存总价值。

⑦ 添加一个属性 SalesTax。该属性的值对于类的每一个对象都一样。编写该属性的声明语句。

⑧ 添加一个名为 setSalesTax 的方法，它接收 double 类型的参数，将该值赋值给商品税款。编写一行代码，将该类所有对象的商品税款设定为 8，但不能引用任何特定对象。

（3）编写一个 StudentList 类用来存储练习（1）中描述的 Student 对象。下面的 UML 图描述了 StudentList 对象和 Student 对象的关系。

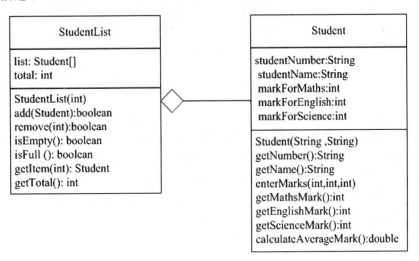

（4）设计并实现一个 Day 类用于表示一周中的某一天。Day 类可以表示出是星期几，例如 Sun 表示星期天。对一个 Day 类型的对象，程序可以实现如下操作：

① 设置星期几。

② 显示星期几。

③ 返回星期几。

④ 返回下一天。

⑤ 返回前一天。

⑥ 计算并返回当天之后的某一天是星期几。例如，如果今天是星期一，那么 4 天后应该得到并返回星期五。同样，如果今天是星期四，那么 13 天后应该返回星期一。

⑦ 添加适当的构造方法。

⑧ 定义一组方法以实现在上面①～⑦中指定的对 Day 类的操作。

⑨ 编写一段程序来测试对 Day 类的各种操作。

第 6 章

chapter **6**

封　装

面向对象程序设计的任务是用面向对象语言描述现实事物,其实质是要将现实事物抽象。Java 提供了多层次的抽象。类抽象(Class Abstraction)将类的实现和使用分离。类的创建者提供类的描述。类的使用者不需要知道类是如何实现的,即实现的细节经过封装。例如,使用 System 类的 System. out. print()方法输出时,不必了解内部是如何实现的。封装是面向对象的特性之一,它将对象的信息隐蔽在对象内部,禁止外部程序直接访问对象内部的属性和部分方法。

6.1　类的抽象与封装

类的抽象和封装是一个问题的两个方面。现实生活中许多例子都可以说明类抽象的概念。例如计算机由很多部件组成,包括 CPU、内存、磁盘、主板、风扇等。每个组件都可以看作是一个有属性和方法的对象。要使各个组件一起工作,需要知道每个部件如何使用,以及如何与其他部件交互,无须了解这些组件内部是如何工作的。内部功能被封装起来,对使用者是隐藏的。所以组装一台计算机时不需要了解每个组件的内部,每个部件可以看成组件类的对象。例如设计电风扇类,它具有风扇尺寸和速度等属性,有开始和停止等方法。一个具体的风扇就是风扇类的实例。电风扇的类图如图 6.1 所示。

Fan
-size: double -speed: int
+Fan(double,int) +turnOn () +turnOff ()

图 6.1　Fan 类设计

使用电风扇就是使用类的接口,即类中提供的 public 方法。下面代码新建了一个电风扇对象并开启电风扇。

```
Fan  gree =new Fan(4.5,400);     //创建电风扇对象 gree
gree.turnOn();                   //调用开启方法
```

Fan 类提供了公开的构造、开启和关闭方法,公开的方法是向外界提供的接口。Fan 类的属性是 private,被封装起来,外部不能访问。

类的封装隐藏了实现细节,通过公开的方法访问数据。为了更好地保护类,类的属性和方法要设置访问控制权限。常用的封装手段有:

（1）修改属性的可见性以达到限制访问的目的。

（2）设置对属性进行读取的方法，以便实现属性的访问。

（3）在读取属性的方法中添加对属性读取的限制。

【例 6.1】 封装实例。

```
//Fan.java
public class Fan{
  private double size;      //使用 private 将属性对外隐藏
  private int speed;        //使用 private 将属性对外隐藏
  //定义公开的方法设置属性
  public void  setSize(double size){
    this.size=size;
    }
  //定义公开的方法读取属性
  public  double getSize(){
    return size
  }
  //定义公开的方法设置属性
  public void  setSpeed(double speed){
    this.speed=speed;
    }
  //定义公开的方法读取属性
  public int getSpeed(){
      return speed;
  }
}
```

private 是私有的，只能在类内部使用，其他类不能访问。对 private 修饰的属性进行读写操作，只能通过它公开的 get/set 方法。通过方法访问属性，在修改属性值时可以增加条件控制，提高数据访问的安全性。

6.2　Java 中的包

类文件都放在同一个目录下，当文件很多时可能会产生命名冲突的矛盾。为解决这种矛盾，Java 采用包（Package）来管理类名空间。包提供了一种命名机制，也是一种可见性限制的机制，提高了安全性。例如，Java 的基础类都封装在 java.lang 包中，所有读和写的类封装在 java.io 包中。

具有相似功能的类一般用打包语句组织到一个包（文件夹）中。不同功能的类放在不同的包中。

6.2.1　package 语句

例 6.2 将 Employee 类打包到 com.mis 包中。

【例 6.2】 package 实例。

```java
package com.mis;
public class Employee{
  private String id;
  Private String name;

  public Employee(String idIn, String nameIn){
    id=idIn;
    name=nameIn;
  }
  public void setName(String nameIn){
    name=nameIn;
  }
  public String getId(){
    return id;
    }
  public String getName(){
    return name;
  }
}
```

实例的第一条语句：

```
package com.mis;
```

表示编译后，生成的类文件(.class 文件)都放在工作目录的 com/mis 文件夹中。文件打包后，类名发生了变化，不再是简单的类名，而是包名与类名的组合，例如上面的 Employee 类名称变为 com.mis.Employee。

同一个包中的类相互访问，不用指定包名。就像在中国，要去北京，直接说要去首都，大家都会明白要去的地方是北京。如果从外部访问一个包中的类，必须使用类的完整名称。就像在美国，想去北京，必须说要去中国的首都，因为北京的全名是中国北京。

在命令行中启动 Java 虚拟机，解释运行 Employee 类，命令是：

```
c:>java  com.mis.Employee
```

不能直接用类名运行：

```
c:>java  Employee
```

用 package 语句，包的层次结构必须与文件目录的层次相同。否则，在编译时可能出现查找不到的问题。下面介绍如何编译带有包名的类。

包存放在包名构成的目录中。例如，Employee 类经编译后 path/com/mis 目录中生成一个 Employee.class 文件。这里 path 代表工作目录。

在文件系统的众多目录中,环境变量 classpath 将指示着 javac 编译器到哪里查找类文件。编译源程序,如果类就在当前的包中,处理起来很简单。如果不在包中,需要提前设置环境变量 classpath。在实际开发时,开发者常使用集成开发工具,开发工具会自动将类的标准位置和当前工作目录加入到 classpath 中。如果用控制台命令执行编译,也可以让 javac 生成与包名层次相对应的目录结构,方法是使用 javac 命令中的"-d"选项。例如编译 Employee 类,可以执行下面的命令:

```
c:>javac -d . Employee.java
```

"-d"用于指定编译生成的 class 文件存放的目录。"."代表当前目录,也就是将编译生成结果存放在当前工作目录下。执行完该命令后,会在当前目录下自动生成 com/mis 文件夹,在文件夹内存放着 Employee.class 文件。

package 语句作为 Java 源文件的第一条语句,指明类所在的包,必须是源文件的第一条语句(注释除外),且每个源文件只能声明一个包。如果没有 package 语句,就是默认无名包,即当前工作目录。但实际项目中,一般不使用无名包。

6.2.2 import 语句

使用包将类封装到不同目录中。如果在同一个包中,可以直接用类名访问;如果不在同一个包中,访问使用"包名.类名"的形式。其实还有另一种方法,就是用关键字 import 导入所在的包,这样就可以直接用类名访问。

```
import java.util.Scanner;        //引入 Scanner 类所在的包

class testImport{
public static void main(String ags[]){
  Scanner sc=new Scanner(System.in);
    ⋮
}
}
```

使用 import 语句后,java.util.Scanner 类就引入了当前类的名字空间,程序处理时无须再使用全名,包名可以省略,直接用类名 Scanner。

有时为了方便,也可以使用"*"把整个包引入,运行时会根据需要导入类。下面的语句将引入包中所有的类:

```
import java.util.*;
```

在 Java 的 JDK 中提供了大量的各种实用类,通常称为 API(Application Programming Interface),这些类按功能不同分别被放到了不同的包中,供编程使用。下面简要介绍其中最常用的 6 个包。

- java. lang

包含一些 Java 语言的核心类,如 String、Math、Integer、System 和 Thread,提供常用功能。该程序包被默认引入到每个 Java 程序中。

- java. awt

包含了构成抽象窗口工具集(Abstract Window Toolkits)的多个类,这些类用来构建和管理应用程序的图形用户界面(GUI),例如绘制简单图形的类(Graphics),控制颜色和字体显示效果的类(Color、Font)。该程序包中的许多类已经被 Swing 包代替。

- java. swing

对标准 Java API 的一个扩展,提供了许多用于管理可视化组件的类,如 JButton、JLable 等。该程序包比 AWT 包提供了更强的平台独立性。

- java. net

包含与网络相关操作的类,如 Socket 类和 ServerSocket 类。

- java. io

包含提供多种输入、输出功能的类,如 BufferReader 类和 File 类。这些输入和输出操作通过数据流或文件形式完成。

- java. util

包含一些使用工具类,如 Random 类、日期、集合类等。

6.2.3 Calendar 与 DateFormat 类

日期是商业逻辑计算一个关键的部分,开发者利用这些类库能够计算未来的日期,定制日期的显示格式,将文本数据解析成日期对象等。首先介绍类的含义,再结合实例学习。

1. Calendar 类

Calendar 类是一个抽象类,在 java. util 包中。它为特定瞬间与一组诸如 YEAR、MONTH、DAY_OF_MONTH、HOUR 等日历字段之间的转换提供了方法,并为操作日历字段(例如获得下星期的日期)提供了一些方法。

【例 6.3】 Calendar 类的应用。

```
//Examplecalendar.java
import java.util.*;
import static java.util.Calendar.*;
public class Examplecalendar{
public static void main(String args[]) {
    Calendar calendar =Calendar.getInstance();   //初始化日历对象
    calendar.setTime(new Date());
    String 年 =String.valueOf(calendar.get(YEAR)),
           月 =String.valueOf(calendar.get(MONTH) +1),
           日 =String.valueOf(calendar.get(DAY_OF_MONTH)),
           星期 =String.valueOf(calendar.get(DAY_OF_WEEK) -1);
```

```
        int hour = calendar.get (HOUR_OF_DAY),
        minute = calendar.get (MINUTE),
        second = calendar.get (SECOND);
        System.out.print ("现在的时间是：  ");
        System.out.print ("" +年 +"年" +月 +"月" +日 +"日" +"星期" +星期);
        System.out.println (" " +hour +"时" +minute +"分" +second +"秒");
        int year =1945, month =8, day =15;
        calendar.set (year, month -1, day);
        System.out.print (year +"年" +month +"月" +day +"日与");
        long time2 = calendar.getTimeInMillis ();
        year =1931;
        month =9;
        day =18;
        calendar.set (year, month -1, day);
        System.out.print (year +"年" +month +"月" +day );
        long time1 = calendar.getTimeInMillis ();
        long result = (time2 -time1) / (1000 * 60 * 60 * 24);
        System.out.println ("相隔" +result +"天");
    }
}
```

运行结果：

```
现在的时间是：  2013 年 7 月 26 日星期五 10 时 10 分 48 秒
1945 年 8 月 15 日与 1931 年 9 月 18 相隔 5080 天
```

2. DateFormat 类

DateFormat 类在 java. text 包中，是日期/时间格式化子类的抽象类，它以与语言无关的方式格式化并解析日期或时间。

java. util 包中 DateFormat 的子类 SimpleDateFormat 常用来实现日期的格式化。

【例 6.4】 SimpleDateFormat 类的应用。

```
DateExample.java
import java.text.SimpleDateFormat;
import java.util.Date;
public class DateExample {
  public static void main(String[] args) {
    SimpleDateFormat bartDateFormat;
    //设定日期显示格式为：星期、月、日、年
  bartDateFormat =new SimpleDateFormat ("EEE-MMM-dd-yyyy");
    Date date =new Date ();
    System.out.println(bartDateFormat.format(date));
    }
}
```

运行结果：

星期五-七月-26-2013

6.3 类的成员的访问控制

面向对象的基本思想之一是封装实现细节并且公开接口。Java 语言采用访问控制修饰符来控制类及类的方法和变量的访问权限。访问权限可以修饰类和类的成员变量、成员方法；不能用来修饰局部变量。

访问控制修饰符共有 4 个，分别是 public、private、protected 和 default（默认的）。它们都可以修饰类的成员变量或成员方法。如果类的成员前面没有修饰任何的访问权限，就意味着它是"包访问权限"。因此，类的所有成员都具有某种形式的访问权限。

6.3.1 包访问权限

成员变量或成员方法前不使用任何访问权限修饰符，就是默认的包访问权限。
例如，声明成员变量如下：

```
String name;
```

则成员变量 name 具有默认的访问权限。默认的访问权限的访问范围是：本类的成员方法可以访问；与该类在同一个包中的类也可以访问。

默认的访问权限也称为包访问权限。举例说明：要访问类 A 的具有默认访问权限的成员，则访问者类 B 要么就是类 A 本身，要么与类 A 属于同一个包。如果类 B 是类 A 的子类，但与类 A 不属于同一个包，则依然不能访问。所以，默认的访问权限是与包有关，与继承无关。如果想让不同包中的子类访问，就不能使用默认访问权限，可以使用 protected 或 public 修饰符。

6.3.2 public: 接口访问权限

使用关键字 public 修饰成员变量或成员方法就意味着是公开的，任何类的成员方法均可访问，因此也称为接口访问权限。

【例 6.5】 public 访问权限实例。

```
package oop.food;
public class Pie{
    public Pie(){
        System.out.println("Pie constructor");
    }
    void bite(){
```

```
    System.out.println("bite");
  }
  }
```

Pie. java 文件打包到了 oop. food 目录中,因此生成的类文件名为 oop. food. Pie. class。在另一个包中有 Dinner 类要访问 oop. food. Pie. class。

```
import oop.food.*;
  public class Dinner{
    public static void main(String args[]){
      Pie x=new Pie();         //创建 Pie 对象
      x.bite();                //调用 Pie 的成员方法将失败
  }
  ⋮
  }
```

Dinner 类中允许创建 Pie 类的对象,因为 Pie 的构造方法修饰为 public,外部类可以访问。但是,使用对象 x 调用 bite()方法时将失败。原因在于 Pie 类的 bite()方法前没有任何修饰,是默认的包访问权限,那么只有与 Pie 类在同一个包中的类允许访问此方法。Dinner 类与 Pie 类位于不同的包中,因此 Dinner 类无法访问到 bite()方法。

6.3.3 private: 类内部访问权限

关键字 private 表示私有的,被 private 修饰的成员仅能被包含该成员的类访问,任何其他类都不能访问,即 private 成员只能在类的内部使用。private 访问权限是最严格的,使用它将很好地隐藏、保护类的成员。前面很多实例中类的成员变量都被修饰为 private,就是为了保护成员变量,防止外界直接修改。因此,在设计类时一般尽可能地将属性定义为 private 访问权限,增加 public get/set 方法来访问属性。

6.3.4 protected: 继承访问权限

关键字 protected 表示受保护的,主要修饰存在继承关系的类。被 protected 修饰的类的成员既可以被同一个包中的其他类访问,也可以被不同包中的子类访问。可见,protected 比默认访问权限的访问范围要宽。

protected＝默认权限＋不同包中的子类

6.4 类的访问权限

类(内部类除外)的访问权限仅有两个:包访问和 public。类不可以被 private 和 protected 修饰,内部类除外。

如果希望某个类被任何类都能访问,用 public 修饰类。这样做时,注意类所在的文件名要与被 public 修饰的类名完全一样,否则就会编译出错。

类名前没有任何修饰时就是默认的包访问权限,在同一个包中的类可以访问。

6.5 链表实例

链表是一种物理存储单元上非连续、非顺序的存储结构,数据元素的逻辑顺序是通过链表中的指针链接次序实现的。链表由一系列结点(链表中每一个元素称为结点)组成,结点可以在运行时动态生成。单向链表结点包括两个部分:一个是存储数据元素的数据域,另一个是存储下一个结点地址的指针域。相比于线性表顺序结构,链表对插入和删除的操作效率更快。

图 6.2 所示为单向链表的示意图。链表由一系列结点组成,每个结点包含数据域和指针域两部分。图中链表的结点可以设计为结点类,属性定义为字符数据和指向结点的指针。

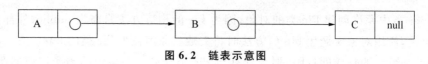

图 6.2 链表示意图

6.5.1 链表结点

【例 6.6】 结点类。

```java
//ListCell.java
package linklist;
public class ListCell {
  //字符型的结点内容和指向下一个结点的指针
  char item='\0';
  ListCell next=null;
  //无参数的构造方法
  ListCell(){
  }
  //带参数的构造方法
  ListCell(char c, ListCell cell){
    item=c;
    next=cell;
  }
  char content(){
      return item;
  }
}
```

每一个结点对象都存储了字符数据和指向下一个结点的指针。下面是链表建立的示例:

```
ListCell   listx =new ListCell('C', null);   //链表:(C)
listx =new ListCell('B', listx);             //链表:(B C)
listx =new ListCell('A', listx);             //链表:(A B C)
```

创建第一个结点的数据是 C,指针为 null。第二个结点的数据是 B,指针域指向 C,此时链表有两个结点。创建第三个结点,数据域是 A,指针域指向 B。如果链表有很多结点,都可以采用从链表头插入的方式创建。

6.5.2　链表类

链表中最关键的结点是指向第一个结点的头结点,链表的创建、查找、删除等操作都要使用头结点。

链表操作主要有初始化链表、判断链表是否为空、查找结点、删除结点、替换、输出等。这些操作都要有相应的方法。设计的方法主要有:

1. ListCell first()方法

找到链表的第一个结点,返回头结点。头结点就是第一个结点。

2. boolean isEmpty()方法

判断链表是否为空。头结点如果是空则表示链表为空。方法返回判断 boolean 型的结果。

3. ListCell last()方法

找到链表的最后一个结点。由图 6.2 可知,最后一个结点的指针域为空,其他结点的指针域都不为空。因此,从头结点开始顺序查找,找到指针域为空的结点就是最后一个结点。

4. ListCell find(char c)方法

查找数据域是字符 c 的结点。每个结点都有数据域 item,item 是字符型的数据。从链表头开始(head),到链表尾为止(指针域为 null),结点的数据域依次比较。如果找到则返回当前结点,如果没有则返回 null。

5. boolean substitute (char r, char s)方法

将字符 r 替换链表中的第一个字符 s。首先要找到链表中的字符 s,下一步才能替换。查找方法 find(char c)可以返回指定数据域内容的结点,因此直接调用该方法。将找到的结点数据域替换为 r 即可。

6. int remove(char c)方法

删除链表中数据域为字符 c 的结点,返回删除结点的个数。由于查找方法只能找到

第一个结点,不符合操作的要求,因此不能使用 find 方法。要把链表中的所有数据域为 c 的结点都找到,就要从表头开始,到链表尾为止,依次比较,发现目标时删除结点。删除操作就是把结点从链表中去除,即将目标结点的前一个结点指针域指向目标结点的下一个结点,如图 6.3 所示。

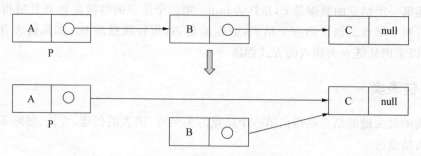

图 6.3 删除结点 B 示意图

删除操作时,关键结点不是含有字符的目标结点,而是目标结点的前一个结点。在查找含有字符时,需要使用前一个结点作为当前工作结点。因此,设计的删除操作程序如下:

```
if ((p.next).item ==c){
   count ++;
   p.next=(p.next).next;
   }else
   p=p.next;
   }
```

7. void putOn(char c)方法

在链表头插入结点,数据域为字符 c。新建结点操作如下:

```
head=new ListCell(c,head);
```

8. void insert(char c, ListCell e)方法

在结点 e 之后插入数据域为 c 的字符。类似 putOn()方法,需要新建结点。新结点是结点 e 的后继,因此采取如下操作:

```
e.next=new ListCell(c,e.next);
```

9. void append(char c)方法

在链表尾追加结点。相当于 insert(),插入的结点位置为 last(),因此调用 insert(c, last())方法即可。

10．public String toString()方法

显示链表，希望依次显示链表结点的数据域，以（A B C）的形式展示。该方法是重写父类 Object 的 toString()方法。

【例 6.7】　链表类。

```java
//CharList.java
package linklist;

public class CharList {
    private ListCell  head=null;

  public CharList(){}
  public CharList(char c){
     head=new ListCell(c,null);        //初始化第 1 个结点
  }

   public ListCell first (){
      return head;                     //返回头结点
   }

     public boolean isEmpty(){
         return head==null;
     }

     public ListCell last(){
        ListCell p=head;
        while (p !=null && p.next !=null)
          p=p.next;
        return p;
     }

     public ListCell find(char c){
         for(ListCell p=head; p!=null; p=p.next)
            if  (p.item ==c)
              return p;
         return null;
     }

     //用 s 替换头结点
     public boolean substitute (char r, char s) {
        ListCell p=find(s);
        if(p==null) return false;       //s 不在链表中
        p.item=r;
        return true;
     }
```

```java
//删除 c 结点
public int remove(char c){
    ListCell p=head;
    int count=0;
    if( p==null)  return count;
    while(p.next !=null)
    {
        if ((p.next).item ==c){
            count ++;
            p.next=(p.next).next;
        }else
            p=p.next;
    }
    if (head.item==c)  {
        head=head.next;
        count++;
    }
    return count;
}

//从头结点插入
public void putOn(char c){
    head=new ListCell(c,head);
}

//在 c 结点之后插入
public void insert(char c, ListCell e){
    e.next=new ListCell(c,e.next);
}

//在尾部插入
public void append(char c){
    insert(c,last());
}
public String toString(){
    return toString(head);
}

public String toString(ListCell p){
    String s="(";
    while (p !=null){
        s=s +p.item;
        if((p=p.next) !=null)
            s=s+" ";
    }
    return  (s+")");
}
```

6.5.3 测试类

测试类要新建链表,并使用插入、查找、替换、删除等操作。

【例 6.8】 测试类。

```java
//TestCharList.java
package linklist;
public class TestCharList {
    public static void main(String[] args) {
        CharList a=new CharList('B');
        a.putOn('A');
        a.putOn('D');
        a.putOn('E');
        a.putOn('F');
        System.out.println("a=" +a);
        ListCell lp=a.find('B');
        System.out.println(a.toString(lp));
        a.insert('C', lp);
        System.out.println("after insert C, a=" +a);
        a.remove('E');
        System.out.println("after remove E, a=" +a);
    }
}
```

运行结果:

```
a=(F E D A B)
(B)
after insert C, a=(F E D A B C)
after remove E, a=(F D A B C)
```

习 题 6

(1) 解释 public 和 private 在访问属性和方法上的区别。

(2) 类(内部类除外)的访问权限有哪些?

(3) 什么是包?如何将文件打包?如何导入包?

(4) 如何创建当前时间对象?如何显示当前时间?

(5) 考虑下面的类:

```java
public class SomeClass{
    private int x=10;
```

```
public void setX(int xIn){
  x=xIn;
}


public int getX(){
  return x;
}
}
```

下面这段程序的输出结果是什么？

```
public class TestClass{
  private static void test(int z, SomeClass classIn){
  z=50;
  classIn.setX(100);
}
  public static void main(String args[]){
  int y=20;
  SomeClass myObject=new  SomeClass();

  test(y,myObject);
  System.out.println(y);
  System.out.println(myObject.getX());
}
}
```

编 程 练 习

（1）设计一个灯泡类（Light），灯泡类的私有属性有颜色（String）、功率（int）和状态（boolean）；灯泡类有带参数的构造方法；开灯方法（状态改为 true）；关灯方法（状态改为 false）。将 Light 类打入包 oop. edu 中。

设计测试类 TestLight。创建三盏颜色分别为红、绿、蓝，功率是 5W、10W、20W 的灯。开启三盏灯后,再熄灭红色灯。

（2）使用日期工具类,编写获取系统日期与时间的功能方法。

获取系统日期的方法要求：

① 方法名：getSystemDate。

② 日期输出格式：yyyy-MM-dd。

③ 使用 SimpleDateFormat 格式化当前系统日期。

获取系统时间的方法要求：

① 方法名：getSystemTime。

② 时间输出格式：HH：mm：ss(24 小时制)。

③ 使用 SimpleDateFormat 格式化当前系统时间。

显示效果如下：

```
2016-08-29
11:00:56
```

第 7 章

chapter 7

继　承

继承(Inheritance)是面向对象编程的另一个重要特性,使用继承可以实现代码复用。例如开发一个软件系统,在分析过程中发现需要一个名为 Employee 的类。或许已经存在一个 Employee 类,只是还不能完全满足需要。也许会思考可以继续使用已有类,只是修改其中的代码。其实是没有必要的,因为面向对象的编程语言提供了在已有类的基础上拓展属性和方法的能力,就是继承。

7.1　继承的定义与实现

继承可实现类之间共享属性和方法。继承是在已有类的基础上定义新的类,新的类继承了已有类的属性和方法,又可以修改或扩展。下面通过 Employee 类来理解继承。

7.1.1　继承实例

Employee 员工类有两个属性 id 和 name,一个用户定义的构造方法和一些基本的操作。下面定义了 PartTimeEmployee(临时工)类,该类继承了 Employee 员工类的属性和方法,而且增加了一个 hourlyPay(按小时计费)属性和一些其他方法。图 7.1 所示为用 UML 描绘具有继承关系的类图。在 UML 中用三角形箭头表示继承关系。

从图 7.1 中可以看出,继承关系是一种层次关系。在继承关系中位于上层的类(在此例中是 Employee 类)被称为父类(或超类、基类),下层的类(PartTimeEmployee 类)被称为子类(或派生类)。

7.1.2　继承的定义

继承就是在已有类的基础上构建新的类。一个类继承已有类后,可以对被继承类中的属性和方法进

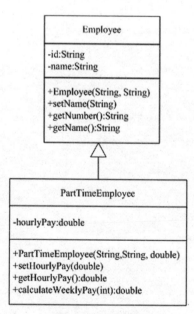

图 7.1　继承实例

行重用。Java 中一个类只允许有一个父类,不支持多重继承。继承关系通常也被称为 is a kind of 关系。is a kind of 关系是什么呢? 以两个类 A 和 B 为例,它们之间有这样的关系: A 所有的特点 B 都拥有;除此之外,B 还有一些 A 不具备的特点。换言之,所有的 B 都是一个 A,反之不一定。这时就是: B is a kind of A。这种关系里所有的 B 都是一个 A,也是"特殊和一般"的关系。

PartTimeEmployee 类与 Employee 类存在这种关系。现实中,如平行四边形与菱形,员工与经理,鼠标与无线鼠标等都可以表示为 is a kind of 的关系,因此都可以采用继承来表示。

7.1.3 继承的实现

类的继承通过 extends 关键字实现。在创建新类时,使用 extends 指明父类,具体语法如下:

```
class SubClass extends SuperClass {
    子类类体
}
```

Java 中不允许多重继承,即子类只能继承一个父类,单一继承。多重继承可以通过接口实现,有关接口的概念将在稍后介绍。例 7.1 和例 7.2 将实现 Employee 类和 PartTimeEmployee 类。

【例 7.1】 Employee 类。

```java
//Employee.java
public class Employee{
  private String id;
  private String name;

  public Employee(String idIn, String nameIn){
    id=idIn;
    name=nameIn;
  }
  public void setName(String nameIn){
    name=nameIn;
  }
  public String getId(){
    return id;
  }
  public String getName(){
    return name;
  }
}
```

Employee 类中没有任何新的概念,因此继续关注 PartTimeEmployee 类。首先给出 PartTimeEmployee 的代码,之后对它进行分析。

【例 7.2】 PartTimeEmployee 类。

```java
//PartTimeEmployee.java
public class  PartTimeEmployee  extends  Employee {
    private double hourlyPay;        //子类新增的属性
  public PartTimeEmployee(String idIn, String nameIn, double hourlyPayIn) {
      super(idIn, nameIn);           //调用父类构造方法
      hourlyPay =hourlyPayIn;
  }
  public double getHourlyPay(){
    return hourlyPay;
  }
  public void   setHourlyPay(double hourlyPayIn){
    hourlyPay=hourlyPayIn;
  }
  public double calculateWeeklyPay(int noOfHoursIn){
      return noOfHoursIn * hourlyPay;
  }
}
```

注意,PartTimeEmployee 类的头部使用了 extends 关键字表示继承 Employee 类。子类继承父类,将继承父类的所有属性和方法。PartTimeEmployee 类的任何对象都拥有 id 和 name 属性,以及父类定义的方法。

这里存在一个问题。虽然在超类中被声明为 private 的属性是 PartTimeEmployee 类的一部分,但是 PartTimeEmployee 类不可以直接访问这些属性。因为 private 属性只能在当前类使用,它的子类无法访问。针对这一问题有许多解决方法:

(1) 可以将原始属性声明为 public 的,但这种方法违反了封装原则。

(2) 使用关键字 protected 替换 private,声明为 protected 的属性可以被任何子类的方法访问。然而这种方法减弱了类对信息的封装性,因为 protected 类型的属性可以被同一包中的其他类访问。

(3) 保持这些属性为 private,同时提供这些属性的 public 的 get 和 set 方法。这是最佳方案,既保存了数据的封装性,又允许子类使用。

PartTimeEmployee 类中声明了按小时付费的 hourlyPay 变量:

```java
private double hourlyPay;
```

hourlyPay 属性是子类特有的属性。但要注意,父类 Employee 的所有属性(id 和 name)都会被继承,因此 PartTimeEmployee 对象都具有三个属性。

接下来是构造方法。如果希望对象在被创建时属性 id 和 name 能够赋值,就需要构造

方法接收并赋值给 id 和 name。但是,这两个属性是在父类中定义的,如何才能完成初始化操作呢?属性 id 和 name 在父类中被声明为 private 私有的,子类对象不可以直接访问。解决方法是使用关键字 super 调用超类的构造方法。下面是子类 PartTimeEmployee 的构造方法:

```java
public PartTimeEmployee(String idIn, String nameIn, double hourlyPayIn)
{
    //调用父类的构造方法
    super(idIn, nameIn);
    hourlyPay=hourlyPayIn;
}
```

调用父类的构造方法,从而实现为 id 和 name 赋初始值。调用父类的构造方法后还要将第三个参数 hourlyPayIn 赋值给属性 hourlyPay。注意,调用 super 方法的代码必须位于构造方法的第一行。

例 7.3 是使用 PartTimeEmployee 类的示例程序。

【例 7.3】 PartTimeEmployeeTest 类。

```java
//PartTimeEmployeeTest.java
import java.util.*;
public class PartTimeEmployeeTest{
  public static void main(String args[]){
    String id, name;
    double pay;
    int   hours;
    PartTimeEmployee  emp;                    //声明子类对象
    Scanner sc=new Scanner(System.in);        //接收输入参数
    System.out.print("Employee id?  ");
    id=sc.next();
    System.out.print("Employee name?  ");
    name=sc.next();
    System.out.print("Hourly pay?  ");
    pay=sc.nextDouble();
    System.out.print("Hours worked this week?  ");
    pay=sc.nextInt();
    emp=new PartTimeEmployee(id, name, pay);
    System.out.println(emp.getName());
    System.out.println(emp.getId());
    System.out.println(emp.calculateWeeklyPay(hous));
  }
}
```

实例介绍了 Java 继承是如何实现的。一个子类只能有一个父类,不允许一个类直接继承多个类,例如类 X 不能既继承类 Y 又继承类 Z。

但是,可以有多层继承。即一个类可以继承某一个类的子类,如类 B 继承了类 A,类 C 又可以继承类 B。那么,类 C 也间接继承了类 A。这种应用如下所示:

```
class A
{      }
class B exntends A
{      }
class C extends B
{      }
```

7.1.4　继承的结果

使用 extends 继承可使两个类或多个类之间存在特殊的联系,例如上节中的 Employee 类和 PartTimeEmployee 类。PartTimeEmployee 类继承了 Employee 类后将自动继承父类的属性和方法,子类对成员的修改不会影响父类。继承使子类的代码更简洁。同时,继承使子类的成员成为复合成员:一部分是从父类继承的成员,一部分是子类新增的成员。

这样,继承从一定程度上打破了封装的结果——类。子类在一定程度上依赖于父类的实现。如果父类进行了修改,有可能导致原来已经定义好的子类不能正常工作。父类的修改除了影响自身之外,还会影响到它所有的直接或间接子类。

继承是 Java 中类的重要管理手段。如果一个类没有明确使用 extends 继承某个类,它将会默认成为 Object 类的子类。也就是说,Java 中有一个超级父类 Object,它是所有类的直接或间接父类。PartTimeEmployee 类的父类是 Employee 类,那 Employee 类有父类吗? 有,是 Object 类。Object 类的使用将在后续章节详细介绍。

子类继承父类,子类是否可以直接使用父类中的所有属性和方法呢? 答案是否定的。父类的构造方法不会被子类继承,这也就意味着子类需要提供自己的构造方法。子类可以使用 super(参数列表)语句调用父类的构造方法。另外,父类中被修饰为 private 的属性和方法子类也不能直接访问。

7.2　方法重写

在同一个类中,具有相同名称、不同参数的方法称为方法重载(Method Overloading)。方法重载是指同一类中多个方法拥有相同的名称,不同的参数个数或参数类型。方法重载是面向对象多态性的体现之一。

方法重写(Method Overriding)是面向对象多态性的另一种体现。以 Customer 类和 GoldCustomer 类为例说明。图 7.2 给出了类图。类图中方法 dispatchGoods()在父类和子类中都有出现,并且方法参数也相同。

Customer 类有三个属性:消费者的姓名(Name)、已缴纳金额(totalMoneyPaid)和已经购买商品的总额(totalGoodsReceived)。通常只有在消费者缴纳商品货款之后,商品才能被分配给消费者。

一些特殊消费者(被称为"金牌"消费者 GoldCustomer)具有额外的特权,他们有信用额度。金牌消费者购买商品时允许在信用额度范围内透支。由此,dispatchGoods 方法应该在父类和子类中具有不同的行为。下面介绍如何在父类中定义 dispatchGoods 方法,并且在子类中定义一个不同的版本,也就是在子类中重写该方法,从而实现多态性。注意,在方法重载中,不同的方法通过不同的参数列表相互区分;在方法重写中,方法名和参数相同,是通过方法隶属的对象不同相互区分。

首先介绍 Customer 类,它的属性都已被声明为 protected 的,所以它们在子类中都是可见的。

【例 7.4】 Customer 类。

Customer
Name:String totalMoneyPaid:double totalGoodsReceived:double
Customer(String) getName():String getTotalMoneyPaid():double getTotalGoodsReceived():double calculateBalance():double recordPayment(double) dispatchGoods(double):boolean

GoldCustomer
creditLimit:double
GoldCustomer(String,double) getCreditLimit():double setCreditLimit(double) dispatchGoods(double):boolean

图 7.2 Customer 类的层次图

```java
//Customer.java
public class Customer{
  protected String name;
  protected double totalMoneyPaid;
  protected double totalGoodsReceived;

  public Customer(String nameIn){
      name=nameIn;
      totalMoneyPaid=0;
      totalGoodsReceived=0;
      }
  public String getName(){
      return name;
      }
  public double getTotalMoneyPaid(){
      return totalMoneyPaid;
      }
  public double getTotalGoodsReceived(){
      return totalGoodsReceived;
      }
  //计算消费者账户的当前余额
  public double calculateBalance(){
      return totalMoneyPaid-totalGoodsReceived;
      }
  //记录消费者充值操作
```

```
    public void recordPayment(double paymentIn){
        totalMoneyPaid=totalMoneyPaid+paymentIn;
        }
    public boolean dispatchGoods(double goodsIn){
        if(calculateBalance()>=goodsIn){
        totalGoodsReceived=totalGoodsReceived+goodsIn;
            return true;
            }
        else
            return false;
        }
    }
```

Customer 类的代码简单易懂,方法的主要功能是:

- calculateBalance()方法:返回消费者账户的当前余额。
- recordPayment()方法:实现消费者充值操作,即将缴纳金额追加到该消费者已缴纳的总金额中。
- dispatchGoods()方法:先检查消费者账户中是否具有足够的余额购买待分配的商品。如果满足条件,待分配商品价格被加到当前总商品价格中,并且方法返回 true。如果消费者没有足够的余额购买商品,方法返回 false。

【例 7.5】 GoldCustomer 子类。

```
//GoldCustomer.java
public class GoldCustomer extends Customer{
    private double creditLimit;

    public GoldCustomer(String nameIn,double limitIn){
        super(nameIn);
        creditLimit=limitIn;
        }

    public void setCreditLimit(double limitIn){
        creditLimit=limitIn;
        }

    public double getCreditLimit(){
        return creditLimit;
        }

    public boolean dispatchGoods(double goodsIn){
        if(calculateBalance() +creditLimit >=goodsIn)
        {
          totalGoodsReceived=totalGoodsReceived+goodsIn;
            return true;
        }
```

```
                else
                    return false;
            }
        }
```

根据需要在 GoldCustomer 类中增加了一个 creditLimit 属性,并提供了 set 和 get 方法。

和前面的程序类似,构造方法首先使用 super 关键字调用父类的构造方法,然后将接收参数赋值给添加的属性 creditLimit。

现在进入问题的关键部分,即 dispatchGoods 方法。在子类中该方法与父类的方法具有相同的方法名、参数列表和返回值,即相同的接口。然而,在父类的原始方法中,if 语句只要检查余额是否大于商品金额即可。而在子类中还需考虑信用额度条件。因此,子类和父类方法体内的操作不同。子类重写了父类的 dispatchGoods 方法。

方法重载中,程序通过参数列表区分要调用的方法。在方法重写中,方法通过隶属的对象类型加以区分,如下所示:

```
Customer  firstCustomer =new Customer("Mike");
GoldCustomer  secondCustomer=new GoldCustomer("Jean", 1000);
firstCustomer.dispatchGoods(200);
secondCustomer.dispatchGoods(370);
```

第一次调用 dispatchGoods 方法,firstCustomer 是 Customer 类的对象,因此调用隶属于 Customer 类定义的方法。第二次调用 dispatchGoods 方法,secondCustomer 对象调用,使用的是 GoldCustomer 类定义的方法。调用时通过操作对象来区分。方法重写要注意以下几点:

(1) 子类方法的名称、参数签名、返回类型必须与父类一致。

(2) 子类的方法不能缩小父类方法的访问权限。

(3) 子类方法不能抛出比父类方法更多的异常。

(4) 方法的重写只能存在于子类和父类之间。

7.3 super 关键字

例 7.2 的 PartTimeEmployee 类中使用 super 关键字调用父类的构造方法。super 关键字是用来在子类的成员方法中访问父类成员,可以访问的成员包括成员变量、普通的成员方法和构造方法。通过 super 访问上述三种成员时语法不尽相同,要求也有差异。

7.3.1 使用 super 访问父类成员

子类的成员方法通过 super 访问父类的成员变量或成员方法,语法为:

```
super .成员名称;
```

以 Employee 类和它的子类为例说明。如果在 Employee 类中增加输出属性信息的方法 print()，子类 PartTimeEmployee 继承 Employee 类，那么就继承了 print()方法。但是，父类的 print()输出内容为父类属性，不包含子类追加的属性 hourlyPay。那么如何让 print()方法能够完整输出子类属性信息呢？这就需要对 print()进行重写，修改输出内容。类的设计如图 7.3 所示，下面着重讨论 print()方法。

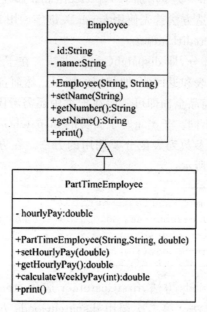

图 7.3　 修改的员工类图

Employee 类的 print()方法，输出 Employee 类的成员变量。

```
class Employee{
    ⋮
public print (){
    System.out.println(" 该员工的工号是 " +this.id);
    System.out.println(" \t 姓名是 " +this.name);
}
}
```

PartTimeEmployee 类的 print()方法，方法中要输出 hourlyPay 属性。如果直接在原程序中添加，需要将程序中的 this 替换为 super，替换后的效果如下：

```
class  PartTimeEmployee{
    ⋮
  public print (){
  //用 super 调用父类成员变量
  System.out.println(" 该员工的工号是 " +super.id);
  System.out.println(" \t 姓名是 " +super.name);
```

```
      System.out.println(" \t 姓名是 " +this.hourlyPay);
      }
   }
```

这种方法可行吗？是否存在问题呢？如果将上述程序编译，会编译出错。原因在于父类成员变量 id 和 name 均被修饰为 private。被 private 修饰的成员只能在类的内部使用，其他类不能访问。当然，它的子类也不能直接访问。所以子类中即使用 super 关键字也无法直接使用父类中的 id 和 name 属性。那么如何输出这两个属性呢？观察父类的 print()方法，该方法是 public 可以访问的，因此可以通过调用父类的 print()方法输出 id 和 name。

```
   class  PartTimeEmployee{
      ⋮
    public print (){
    super.print();              //用 super 调用父类的成员方法
    System.out.println(" \t 姓名是 " +this.hourlyPay);
    }
   }
```

使用 super. print()可以调用父类的方法。如果去掉 super 关键字，就意味着调用当前的 print()方法，也就是 this. print()。这样修改后，print 方法将自己直接调用自己，是直接递归调用。由于程序没有控制如何退出，会造成堆栈溢出：java. lang . StackOverflowError。

7.3.2   使用 super 调用父类构造方法

在子类的构造方法中可以通过 super 调用父类的构造方法，语法是：

super(参数列表);

例如，子类 PartTimeEmployee 的构造方法可以调用父类 Employee 的构造方法，从而将 id 和 name 初始化的工作交给父类完成。

```
   public PartTimeEmployee(String id, String name, double hourlyPay) {
       //调用父类的构造方法
       super(id, name);
       this. hourlyPay =hourlyPay;
   }
```

使用 super 调用父类构造方法，必须是子类构造方法的第一条语句，因此最多只能调用一次。另外，不能在子类的非构造方法中通过 super 来调用父类的构造方法。

7.3.3   构造子类对象

由于子类的对象不仅具有本类定义的成员变量和成员方法，还有父类定义的成员变量和成员方法,因此构造子类的对象比构造一个普通对象要复杂。

例如,创建一个 PartTimeEmployee 的对象,对象不仅有成员变量 hourlyPay,还有从父类继承来的成员变量 id、name,以及成员方法。虽然要完成的工作比较多,但是程序员创建该对象的方法与以前是相同的:

```
PartTimeEmployee emp;
emp =new PartTimeEmployee("1001", "John", 30.0);
```

创建对象依然是通过 new 调用相应的构造方法来完成对象的构造。为了完成子类对象的构造,子类的构造方法一定会调用父类的某个构造方法。这个调用可以由程序员通过 super 来完成。如果程序员没有使用 super 调用父类的构造方法呢? 编译器会在子类构造方法的第一条语句之前默认调用父类无参数的构造方法,即编译器会自动在此构造方法的开始处运行以下语句:

```
super();
```

此语句是调用父类无参数的构造方法。这时要求父类必须有一个无参数的构造方法。如果没有,会产生编译错误,不能通过编译。为了保证子类的构造方法顺利执行,在编程时建议:

父类保证有一个无参数的构造方法,根据成员变量的具体情况来编写数个有参数的构造方法。

子类在构造方法中使用 super(参数)的形式明确调用父类的构造方法。

7.3.4 super 与 this

super 与 this 是经常使用的关键字。this 用于访问本类的成员,super 用于访问父类成员。它们都只能在类的非静态成员中使用,并且使用方法也很相似。表 7.1 所示为 this 和 super 的使用方法比较。

表 7.1 this 和 super 比较

	this	super
访问属性	访问本类中的属性,如果本类中没有此属性,则从父类中继续查找	访问父类中的属性
访问方法	访问本类中的方法,如果本类中没有此方法,则从父类中继续查找	直接访问父类中的方法
调用构造方法	调用本类构造方法,必须放在构造方法的首行	调用父类构造方法,必须放在子类构造方法的首行

7.4　抽　象　类

程序设计过程中,有时需要创建某个类代表一些基本行为,类中的方法可能没有具体实现,原因是希望其子类根据实际情况再去实现这些方法。例如,已经有 Employee 类。假设公司业务扩大,当前除了有兼职员工外,还有全职员工。全职员工的薪水不是按小时计费,而是年薪,或月薪。图 7.4 给出了两类员工的层次结构图,包含全职员工和兼职员工。

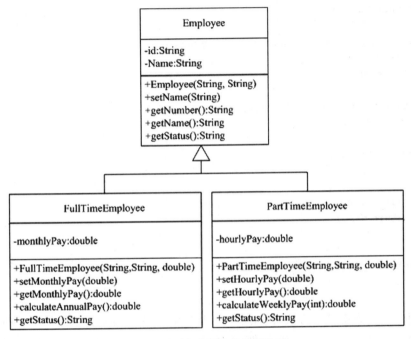

图 7.4　父类和子类的继承关系

7.4.1　Employee 抽象类

在 Employee 类中增加了一个新的方法,命名为 getStatus(),它返回员工的工作性质是全职还是兼职,该方法同时也在子类中出现。深入分析会发现,任何员工必然是一个全职员工或兼职员工,不可能两种状态同时出现。但是 Employee 父类中无法得知员工的具体状态。因此,父类中 getStatus 方法声明是 abstract,没有具体实现,这样的方法称为抽象方法。将一个方法声明为 abstract 后,将强制所有的子类必须实现该方法。

如果 abstract 修饰类,则这个类就称为抽象类,抽象类可以包含抽象方法,也可以没有抽象方法。抽象方法只有方法的声明,没有方法的实现。方法的实现将在抽象类的子类完成。除了抽象方法外,抽象类也可以包含非抽象方法。但是,抽象方法只能在抽象类中声明,不可以出现在非抽象类中。如果一个抽象类除了抽象方法外什么也没有,则使用接口更合适。抽象方法的定义如下所示:

```
public abstract   返回值   方法名(参数列表);
```

7.4.2 抽象类实例

【例 7.6】 Employee 抽象类。

```java
//Employee.java
public abstract class Employee {                //抽象类
  private String id;
  Private String name;

  public Employee(String idIn, String nameIn){
    id=idIn;
    name=nameIn;
  }
  public void setName(String nameIn){
    name=nameIn;
  }
  public String getId(){
    return id;
    }
  public String getName(){
    return name;
  }

  abstract public String getStatus();        //抽象方法
}
```

Employee 类含有抽象方法,因此必须声明为抽象类。抽象类不能创建它的对象,即不可以用 new Employee( ) 语句创建对象。Employee 类的子类要实现抽象方法 getStatus(),否则子类也含有抽象方法,也会成为抽象类。下面实现 Employee 类的两个子类。

7.4.3 抽象类的子类实例

【例 7.7】 FullTimeEmployee 子类。

```java
//FullTimeEmployee.java
public class  FullTimeEmployee  extends  Employee{
  private double monthlyPay;

  public FullTimeEmployee(String idIn, String nameIn, double hourlyPayIn){
     super(idIn, nameIn);
     hourlyPay=hourlyPayIn;
  }
```

```
   public double getMonthlyPay(){
     return monthlyPay;
   }
   public void  setMonthlyPay(double monthlyPayIn){
     monthlyPay =monthlyPayIn;
   }
   public double calculateAnnualPay(){
     return monthlyPay * 12;
   }
   public String getStatus(){          //实现抽象方法
     return  "Full-Time";
 }
 }
```

【例 7.8】 PartTimeEmployee 类。

```
//PartTimeEmployee.java
public class  PartTimeEmployee  extends  Employee{
    private double hourlyPay;

  public PartTimeEmployee(String idIn, String nameIn, double hourlyPayIn){
      super(idIn, nameIn);
      hourlyPay=hourlyPayIn;
  }

  public double getHourlyPay(){
    return hourlyPay;
  }

  public void  setHourlyPay(double hourlyPayIn){
    hourlyPay=hourlyPayIn;
  }

  public double calculateWeeklyPay(int noOfHoursIn){
      return noOfHoursIn * hourlyPay;
  }

  public String getStatus(){          //实现抽象方法
    return  "Part-Time";
 }
 }
```

或许有人会认为抽象类和抽象方法很有意思,但是否值得这么麻烦? 下面通过实例体会抽象类的应用。

某个类的方法可能需要接收一个特定类的对象作为参数,比如是 Employees 类,在方法中调用了 Employees 类的一个方法,比如 getStatus 方法。继承的一个绝妙的优点是 Employees 类的任何子类对象都是一种 Employees 对象,因此可以作为参数传递给期望接收 Employees 对象的方法。然而,子类必须具有 getStatus 方法,因为 getStatus 方法将作为参数传递。在父类中将 getStatus 方法声明为抽象方法,子类重写抽象方法,这样每个子类都具有一个 getStatus 方法。使用 Employee 子类的程序可以毫无顾忌地调用 getStatus 方法,而且在不同的对象中会表现出不同的行为。

【例 7.9】 StatusTest 类。

```
public class StatusTest{
  public static void  test(Employee  employeeIn){
    System.out.println(employee.getStatus());
  }
}
```

StatusTest 类只有一个方法 test()。test()方法接收一个 Employee 对象作为参数。方法体内调用 employeeIn 对象的 getStatus()方法。由于子类 FullTimeEmployee 和 PartTimeEmployee 的对象都是一种 Employee 对象,因此可以将其中任何一个类的对象传递给 test()方法。Test()方法被声明为 static 的,这样可以直接使用类名调用它。例 7.10 中两种类型的对象都被传递给 test 方法。

【例 7.10】 抽象方法的应用。

```
//RunStatusTest.java
public class RunStatusTest{
public static void main(String[] args){
    FullTimeEmployee fte=new  FullTimeEmployee("101","Pete", 3000);
    PartTimeEmployee fte=new  PartTimeEmployee("102","Mike", 10);

    //将 FullTimeEmployee 对象作为输入参数
     StatusTest.test(fte);

    //将 PartTimeEmployee 对象作为输入参数
     StatusTest.test(pte);
    }
}
```

test 方法将会根据接收对象类型调用正确的 getStatus 方法,因此程序的输出将是:

```
Full-Time
Part-Time
```

7.5 接   口

如果一个抽象类中的所有方法都是抽象的,就可以使用接口。接口是抽象方法和常量值定义的集合。从本质上讲,接口是一种特殊的抽象类,这种抽象类中包含常量和方法的定义,而没有变量和方法的实现。

7.5.1 定义接口

接口的定义如下:

```
public   interface <接口名>
{
    public static final  type valueName;
    public  abstract    returnTypemethod (value);
}
```

接口中只有常量和抽象方法,下面是一个接口定义的例子:

```
public interface Runner
{
    int ID=1;
    void run();
}
```

在接口 Runner 的定义中,即使没有显示地将其中的成员用 public 关键字标识,但这些成员都是 public 访问类型的。接口里的变量默认是用 public static final 标识的,所以接口中定义的都是全局静态常量。

7.5.2 接口实例

定义一个接口,用 extends 关键字去继承一个已有的接口;也可以定义一个类,用 implements 关键字去实现接口中的所有方法;还可以定义一个抽象类,用 implements 关键字实现接口中定义的部分方法。类实现接口在 UML 中用带箭头的虚线表示,箭头指向接口,如图 7.5 所示。

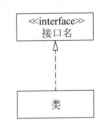

图 7.5 UML 表示类
实现接口

【例 7.11】 接口实例。

```
public interface Runner
{
    void run();
}

interface Animal extends Runner{
    void breathe();
}
class Fish implements Animal{
  public void run(){
  System.out.println("fish is swimming");
```

```
    }
    public void breathe(){
      System.out.println("fish is bubbling");
    }
    }
    abstract LandAnimal implements Animal{
        public void breathe(){
        System.out.println("LandAnimal is breathing");
    }
    }
```

Runner 是一个接口,定义有一个抽象方法 run。

Animal 也是一个接口,继承了接口 Runner。Animal 接口具有 Runner 接口的特点,并对 Runner 接口进行了扩展。

Fish 是一个类,具有 Animal 接口中定义的所有方法,因此需要实现 Animal 接口中的所有方法,包括从 Runner 接口继承的方法。

LandAnimal 是一个抽象类,它实现了 Animal 接口中的 breathe 方法,但是没有实现 run 方法。因为 LandAnimal 类中还有没有实现的抽象方法,所以必须声明为抽象类。

在 Java 中,设计接口的目的是为了类不受限于单一继承,可以灵活地同时继承一些共有的特性,达到多重继承的目的,并避免 C++ 中多重继承复杂关系所产生的问题。多重继承的危险性在于一个类有可能继承了同一个方法的不同实现。对于接口来讲不会发生这种情况,因为接口中没有任何实现方法。

一个类可以在继承一个父类的同时实现一个或多个接口,extends 关键字必须位于 implements 关键字之前。例如定义 FullTimeEmployee 类:

```
class FullTimeEmployee extends Employee implements Runner{
    public void run(){
    System.out.println("A person is running");
    ⋮
    }
    }
```

使用接口时要注意:

(1) 类实现接口就要实现该接口的所有抽象方法(抽象类除外)。

(2) 接口中的方法都是抽象的。

(3) 多个无关的类可以实现同一个接口,一个类可以实现多个接口。

7.6　final 修饰符

在前面的学习中已经接触过 final 关键字。final 修饰变量,变量转换为常量。final 也可以修饰类或者方法。

7.6.1 final 修饰类

final 修饰类,意味着这个类不能被继承。声明的格式为:

```
final class finalClassName{
    ⋮
    }
```

```
public final  class FinalClass{
        int member;
        void memberMethod(){};
}

class SubFinalClass extends FinalClass{
    int submember;
    void subMemberMethod(){};
}
```

编译时将会报错,无法继承 final class。

7.6.2 final 修饰方法

final 修饰方法,意味着这个方法不能被重写。

```
class FinalMethodClass{
    final void finalMethod (){
        ⋮                      //原程序代码
    }
}
class OverloadClass extends FinalMethodClass{
    void finalMethod(){        //错误
        ⋮                      //子程序代码
    }
}
```

7.7　Object 类

Java 中有一个特殊的类——Object 类。如果一个类没有使用 extends 关键字明确标识继承另外一个类,那么这个类默认继承 Object 类。Object 类是 Java 类层次中的最高层,是所有类的父类,即 Java 中任何一个类都是它的子类。由于所有的类都是由 Object 类衍生出来的,所以 Object 类中的方法适用于所有类。

下面介绍 Object 中的一些常用方法,包括 toString()、equals()方法。

7.7.1　toString()方法

toString 方法是 Object 中的重要方法之一,该方法返回一个字符串,字符串由类名等信息组成。该方法用于在实际运行或调试代码时获取字符串表示的对象状态信息。方法的定义如下:

```
public String toString()
```

Java 中的大多数类都重写了这个方法,通常的方式是将类名以及成员变量的状态信息组合转换为一个字符串返回。例 7.12 给出了重写 toString 方法的例子。

【例 7.12】　toString()应用。

```
//Student.java
public class Student{
  public String name;
  public int age;

  public Student(){
}
  public Student(String nameIn, int ageIn){
  name=nameIn;
  age=ageIn;
}

  public String toString(){
  return " student  name is " +name +", age is" +age;
}

public static void main(String ags[]){
    Object st=new Student("Jenny", 20);
    System.out.println(st.toString());
    System.out.println(st);
  }
}
```

运行结果:

```
Student name is Jenny, age is 20
Student name is Jenny, age is 20
```

从运行结果看,main 方法中两次输出语句打印出的结果完全相同。这是因为语句 "System. out. println(st);"若引用不空,则首先调用对象的 toString()方法获取字符串。如果没有重写 toString()方法,就调用 Object 类的 toString()方法,输出内容将很难理解。因此,如果没有特殊的要求,一般都应该重写 toString()方法,这是编程的良好习惯。

7.7.2 equals()方法

equals()方法用于比较两个对象是否相等。前面介绍 String 类时曾经使用 equals()方法比较两个字符串对象是否相等。其实 equals 方法来自 Object 类,String 类对其进行了重写以满足比较字符串内容的要求。Object 类设计这个方法就是为了让继承它的子类重写,以满足比较不同类型对象是否等价的要求。Object 类中该方法的实现相当于如下代码:

```java
public Boolean equals(Object obj){
    return (this ==obj);
}
```

从代码中可以看出,Object 类的实现没有比较两个对象是否逻辑上相等,而只是对两个引用进行了"=="比较,相当于比较两个引用是否指向同一个对象。因此,要想真正具有比较对象是否等价的功能,需要在子类中根据比较规则重写此方法。

7.8 类 的 关 系

面向对象程序设计中所有事物都表示为类,类的关系有很多种,在大的类别上可以分为两种:纵向关系和横向关系。纵向关系就是继承关系,它的概念非常明确。横向关系较为微妙,按照 UML 的建议大体上可以分为 4 种:依赖(Dependency)、关联(Association)、聚合(Aggregation)、组合(Composition)。

7.8.1 依赖

依赖关系是一种使用关系,特定事物的改变有可能会影响到使用它的事物,反之不成立。一般用指向被依赖事物的虚线表示,如图 7.6 所示。

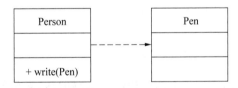

图 7.6 依赖关系

通常情况下,依赖关系体现在某个类的方法使用另一个类作为参数。代码示例:

```java
public class Pen {      //笔可用于人类书写
    ⋮
}

public class Person{
```

```
    //书写需要使用笔
    public void  write(Pen  mypen){
    ⋮
       }
}
```

Person 类的 write()方法在使用时就要传入一个 Pen 类型的参数,这样 Pen 的改变就会影响到 Person,因此 Person 与 Pen 之间就是依赖关系(Person 依赖于 Pen)。

7.8.2　关联

关联是一种结构关系,说明一个事物的对象与另一个事物的对象相联系。给定关联的两个类,可以从一个类的对象得到另一个类的对象。关联有两元关系和多元关系。两元关系是指一对一的关系,多元关系是指一对多或多对一的关系。两个类之间的简单关联表示了两个同等地位类之间的结构关系。一般表示结构化关系时使用关联,用实线连接有关联的同一个类或不同的两个类,如图 7.7 所示。

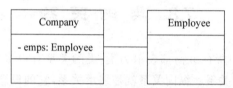

图 7.7　关联关系

通常情况下,关联关系是通过类的成员变量来实现的。代码示例:

```
public class Company {   //公司
private Employee emp ;

//一个公司雇员,公司与雇员之间就是一种关联关系
}

public class Employee{
}
```

雇员作为公司的属性,不同于上面的依赖。依赖的话,雇员的改变会影响公司,显然不是。在这里雇员仅仅作为公司的一个属性而存在,因此 Employee 与 Company 之间是关联关系。关联关系还可以细分为聚合和组合两种。

7.8.3　聚合

聚合是一种特殊的关联。它描述了 has a 关系,表示整体对象拥有部分对象。关联关系和聚合关系在语法上是没办法区分的,从语义上才能更好地区分。聚合是较强的关联关系,强调的是整体与部分之间的关系。例如,学校和学生的关系。聚合的整体和部分之间在生命周期上没有什么必然的联系,部分对象可以在整体对象创建之前创建,也可以在整体对象销毁之后销毁。聚合一般用带一个空心菱形（整体的一端——学校）的实线表示，如图 7.8 所示。

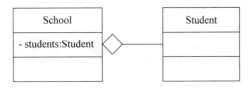

图 7.8　聚合关系

与关联关系一样，聚合关系也是通过类的成员变量来实现的。示例代码：

```
public class Student{
}

public class School{
    private  Student [] students ;   //学校与学生是聚合关系
}
```

学校是整体，而学生是部分。学校与学生都是可以独立存在的，它们之间没有必然的联系，因此学校与学生就是聚合关系。

7.8.4　组合

组合是聚合的一种特殊形式，它具有更强的拥有关系，强调整体与部分的生命周期是一致的，整体负责部分的生命周期的管理。生命周期一致指的是部分必须在组合创建的同时或者之后创建，在组合销毁之前或者同时销毁，部分的生命周期不会超出组合的生命周期。例如 Windows 的窗口和窗口上的菜单就是组合关系。如果整体被销毁，部分也必须跟着一起被销毁，如果所有者被复制，部分也必须一起被复制。一般用带实心菱形（整体的一端）的实线来表示，如图 7.9 所示。

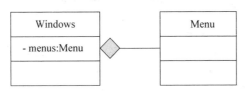

图 7.9　组合关系

与关联关系一样，组合关系也是通过类的成员变量实现的。示例代码：

```
public class Menu{
}

public class Window{
  private List <Menu>  menus ;
}
```

菜单的存在前提是窗口的存在,两者之间存在很强的拥有关系。窗口对菜单的生命周期负责,只有在窗口创建之后菜单才能够创建,菜单必须在窗口销毁之前销毁。因此 Window 与 Menu 之间是组合关系。

7.9　综合实例: 组装计算机

本节将以组装计算机为例,使用接口和继承关系模拟现实世界。

实例说明:编写管理组装计算机的程序,计算机的主要部件有主板,主板中可以插入显卡、CPU 等。允许用户设定显卡、CPU 的型号。

案例分析:本题中主板是计算机的一部分,因此主板与计算机是组合关系;主板由显卡、CUP 等组成,因此也是组合关系。显卡、CPU 型号可以更改,考虑用接口定义显卡和 CPU,组装时再确定用何种型号。分析各个类和接口的关系,如图 7.10 所示。

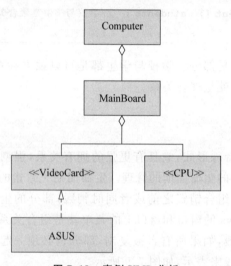

图 7.10　案例 UML 分析

【例 7.13】 组装计算机综合案例。

```java
package lesson8;
interface VideoCard{
    void Display();
    String getName();
}

class Mainboard{
    String strCPU;                              //CPU 的名字
    VideoCard vc;                               //显卡

    void setCPU(String strCPU){                 //设定 CPU
        this.strCPU=strCPU;
```

```
        }

        //插入显卡
        void setVideoCard(VideoCard vc){
                this.vc=vc;
        }

        //主板运行,模仿开机显示必要信息
        void run(){
        System.out.println(strCPU);                         //显示 CPU
        System.out.println(vc.getName());                   //显示显卡的名称
        vc.Display();                                       //显卡工作
        System.out.println("Mainboard is working...");      //主板正常工作
        }
}

class ASUS implements VideoCard{
        String name;                                        //显卡的名字
        public ASUS(){                                      //构造方法
            name="ASUS's video card";
        }

        //给 OEM 厂商等设定名称
        public void setName(String name){
                this.name=name;
        }

        public void Display(){
        System.out.println("ASUS's video card is working");
        }

        public String getName(){
            return name;
        }
}

class Computer{
        public static void main(String[] args){
          ASUS d=new ASUS();                                //创建显卡对象
          Mainboard m=new Mainboard();                      //创建主板对象
          m.setCPU("Intel's CPU");                          //设定 CPU
          m.setVideoCard(d);                                //插入显卡
          m.run();                                          //运行主板,开机
        }
}
```

运行结果:

```
Intel's CPU
ASUS's video card
ASUS's video card is working
Mainboard is working
```

程序说明：

VideoCard 接口定义了显示功能和获得显卡型号的抽象方法。这些方法是所有显卡都应具有的功能，但型号不同方法实现会不同。

Mainboard 类有 CPU、显卡属性，相应的 set 方法和 run() 方法。主板上可插入 CPU、显卡等零部件，但是在组装计算机前不知道 CPU、显卡的具体型号，可将这两个属性声明为接口类型。在 set 方法设置时要求有输入参数，参数类型声明为接口，在调用 set 方法时可以传入具体类。此案例仅定义了显卡接口，CPU 也可以做类似处理。

ASUS 类定义了一款具体的显卡——华硕。该显卡实现了 VideoCard 接口。

Computer 类为组装计算机类。组装时先定义主板，显卡、CUP 对象。再将这些对象组装。

习　题　7

(1) UML 类图中如何描述继承关系？Java 中使用哪个关键字声明一个类是另一个类的子类？

(2) 重载方法和重写方法有何区别？

(3) 7.2 节中 GoldCustomer 类的属性有哪些？构造方法如何对这些属性进行初始化？

(4) 画出例 7.11 中各个类的 UML 关系图。

(5) 什么是抽象方法？

(6) 抽象类和接口之间有何差别？

(7) 解释子类如何调用父类的构造方法。

(8) 如果子类重写了父类的某个方法，那么在子类中如何调用父类中被重写的方法？

(9) 下面程序的输出结果是什么？

```java
class  A{
  public  A(){
      System.out.println("The default constructor of  A  is invoked.");
  }
class  B  extends  A{
  public  B(){
      System.out.println("The default constructor of  B  is invoked.");
  }
public class C {
  public static void main(String args[]){}
```

```
        B b=new B();
    }
}
```

（10）下面程序的输出结果是什么？

```
class  A {
  int  x;
  public String  toString(){
      return "x is  "+x;
  }
}
```

```
public  class  Test{
  public static void main(String args[]){
    Object a1 =new A();
    Object a2 =new Object();
  System.out.println( a1 );
  System.out.println( a2 );
  }
}
```

编 程 练 习

（1）设计 Vehicle 类，包含的属性有注册码、制造商、生产年份和价格。

要求：前三个属性在创建时设置，价格允许改变。能够读取上述所有属性。重写 toString()方法，使输出格式为：

注册码:***,车辆制造商:***,生产年份:****,

价格是:****元。

提供一个方法，接收一个年月日作为输入，返回车辆的年龄。

设计 Vehicle 类的子类 SecondHandVehicle。子类具有额外属性 numberOfOwner，该属性在创建时被设置，并具有读取操作。提供一个方法返回二手车交易次数。

编写测试类，测试 SecondHandVehicle 类的所有方法。

（2）有矩形和立方体类，类图设计如图 7.11 所示，根据类图编写代码。编写测试类，生成矩形和立方体对象，调用计算和显示方法。

（3）根据 UML 图（如图 7.12 所示）编写 4个类：

① Phone 抽象类，含有抽象方法打电话 call()。

② Ebook 接口，含有抽象方法阅读 read()。

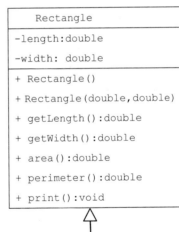

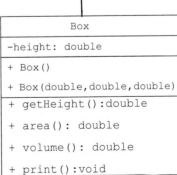

图 7.11 类图

③ PadPhone 继承了 Phone 抽象类并实现了 Ebook 接口。

- call 方法输出：**品牌的手机在打电话。
- read 方法输出：**品牌的电子书在阅读。

④ 测试类 Test 含有 main 方法，方法中创建品牌为 Huawei 的对象，调用 call 方法和 read 方法。

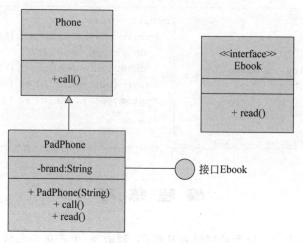

图 7.12　UML 图

第 8 章

多　态

多态(Polymorphism)是不同事物具有不同表现形式的能力,即不同的对象面对同一个行为呈现出不同的执行效果。第 7 章学习了继承允许对象视为它自己本身或者父类类型加以处理(因为子类是一种特殊的父类),这样同样的代码就可以毫无差别地运行在不同类型之上。多态方法调用允许一种类型表现出与其他相似类型之间的区别,只要它们都是从同一个父类继承而来的。下面将通过实例学习面向对象的多态性。

8.1　多态实例

8.1.1　句柄引用对象实例

独立的一个类,当没有继承关系时,它的句柄只能引用该类的对象。句柄是声明为某类的变量,此变量为引用类型。例 8.1 设计了描述笔的 Pencil 类,有书写方法。

【例 8.1】　独立的 Pencil 类。

```java
//Pencil.java
public class Pencil {
    private String type;

    public Pencil() {
    }

    public Pencil(String type) {
        this.type =type;
    }

    public String getType() {
        return this.type;
    }

    public void setType(String type) {
        this.type =type;
    }
```

```
    public void write(String s) {
        System.out.print("使用铅笔书写:" +s);
    }

    public String toString() {
        String r;
        r ="一支铅笔";
        if (this.type !=null && this.type.length() !=0) {
            r +=", 其类型是 " +this.type;
        }
        return r;
    }
}
```

测试类 TestPencil.java。在测试类中可以声明 Pencil 句柄,创建对象,并使用对象的方法。

```
Public class TestPencil{
public static void main(String[] args) {
    Pencil pen =null;                      //声明 Pencil 类的句柄
    pen =new Pencil("2B");                 //创建句柄的引用对象
    p.write("现在开始写今天的家庭作业!");   //调用 Pencil 的方法
    }
}
```

Pen 句柄声明是 Pencil 类型,因此可以指向 Pencil 类型的对象。如果引用其他类的对象,则产生编译错误,不能通过编译。假如在程序中添加如下语句将会出错。

```
pen =new String("my pencil");
```

8.1.2 父类句柄引用子类对象

当类之间存在继承时,某类的句柄除了可以引用该类的对象之外,还可以引用该类的所有子类对象。

【例 8.2】 Pencil 类描述铅笔,有 write()方法。接口 Eraser 描述橡皮,具有擦涂方法 eraser()。橡皮铅笔既是一种铅笔又具有擦涂功能,因此橡皮铅笔类将继承 Pencil 类并实现 Eraser 接口。类关系图如图 8.1 所示。

RubberPencil 类与 Pencil 类具有继承关系,可以使用父类句柄引用子类对象。

```
Pencil pen =null;                //声明父类句柄
pen =new RubberPencil();         //引用子类对象
//调用父类与子类中都存在的方法
pen.write("开始做家庭作业!第一题的答案是 29\n");
pen.write("第二题的答案是 62\n");
```

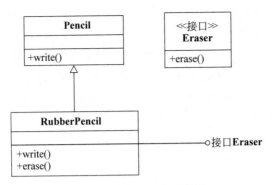

图 8.1　具有继承关系的类

父类的句柄为什么可以引用子类的对象呢？这是由继承关系保证的。父类和子类的关系是一般和特殊的关系，子类 is a kind of 父类。声明为父类的句柄当然可以指向它的一种特殊子类。

但是用父类的句柄引用子类对象，不可以使用子类有而父类没有的成员，包括成员变量和成员方法。下面代码段中父类句柄 Pen 调用子类新增的方法 erase()时将会出现问题。

```
Pencil pen = null;
pen = new RubberPencil();          //父类句柄引用子类对象
System.out.println();
pen.write("开始做家庭作业！第一题的答案是 29\n");
pen.write("第二题的答案是 62\n");
pen.erase("62");                   //父类句柄调用子类特有的方法时会出错
```

编译时会出错：

```
src\TestPencil.java:20: 找不到符号
符号: 方法 erase(java.lang.String)
位置: 类 cn.peter.stationery.Pencil
             pen.erase("62");
```

出错的原因在于使用父类的句柄引用子类对象只能访问父类已经定义的成员，不能访问子类中存在但父类没有的成员。

父类句柄可以引用子类对象。还有一个问题需要考虑：如果某个方法在父类中已经定义，但在子类中进行了重写。通过父类句柄引用子类对象时，使用该句柄调用重写方法是运行父类的方法体还是子类的方法体呢？回答这个问题需要了解方法的动态绑定。

8.2　动态绑定

将方法调用和方法体连接到一起称为绑定（Binding）。根据绑定的时机不同，可将绑定分为编译时绑定和动态绑定两种。

如果在程序运行之前进行绑定(由编译器和链接程序完成),称为编译时刻绑定或早期绑定。

如果在程序运行期间进行绑定,称为动态绑定、后期绑定或运行时绑定。

在 Java 中多态性是依靠动态绑定实现的,即 Java 虚拟机在运行时确定要调用哪一个同名方法。例 8.2 中 Pencil 类和 RubberPencil 类都有 write()方法,下面让子类重写父类的 write 方法。通过实例回答 8.1 节的问题。

Eraser 接口:

```java
public interface Eraser {
    void erase(String s);
}
```

RubberPencil 类:

```java
public class RubberPencil extends Pencil implements Eraser {
    public RubberPencil() {
    }
    public RubberPencil(String type) {
    super(type);
    }
    //重写 write()方法
    public void write(String s) {
        System.out.print("使用橡皮铅笔书写:" +s);
    }

    //实现 Erase 接口中的 erase()方法
    public void erase(String s) {
        System.out.print("使用橡皮铅笔擦除:" +s);
    }

    //重写 toString()
    public String toString() {
        String r;
        r ="一支橡皮铅笔";
        if (getType() !=null && getType().length() !=0) {
            r +=", 其类型是 " +getType();
        }
        return r;
    }

    public static void main(String[] args) {
        Pencil rp =new RubberPencil("2B");
        //用父类句柄调用子类对象的方法
        rp.write("现在开始写今天的家庭作业! \n");
    }
}
```

运行结果：

> 使用橡皮铅笔书写:现在开始写今天的家庭作业!

运行结果显示：当父类句柄引用子类对象并调用被子类重写的 write()方法时,编译器会调用子类的 write()方法,即调用子类的方法体。

句柄引用对象时,如果没有继承,某类的句柄只能引用该类的对象。

存在继承关系后,某类的句柄可以引用该类的对象,还可以引用其子类对象,子类包括直接子类和间接子类。

父类的句柄引用子类对象时,不能访问父类没有定义而子类定义的成员。如果父类中的方法在子类中进行了重写,父类句柄调用重写的方法时将运行子类的方法体。

把方法的调用与方法体进行关联就是"绑定"。把方法的调用和方法体相关联的过程由编译器来实现。图 8.2 描绘了上例的绑定。

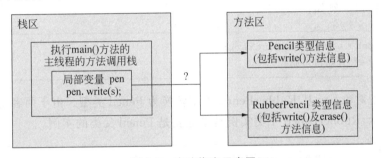

图 8.2　方法绑定示意图

编译时刻早于运行时刻,因此也称为早期绑定。它是根据句柄的类型而不是句柄实际引用对象的类型进行方法绑定。如果绑定能在编译时刻完成,那么程序在运行时可以直接调用相应的方法体,程序的性能较高。但同时这种绑定会损失一定的灵活性。

把绑定从编译时刻推迟到了运行时刻,程序在运行的时候再进行方法绑定就是动态绑定,也称为后期绑定。动态绑定无疑会降低程序的性能,但同时会获得灵活性。

Java 语言中两种方式的方法绑定都存在。编译时绑定主要应用于静态方法、private 方法和 final 方法。其他情况多是运行时绑定。

使用父类句柄引用子类的对象,只能访问父类的成员,不能访问子类定义而父类未定义的成员。如何才能找回子类定义的成员呢? 解决办法是造型(Cast)。

8.3　对象的多态性

在学习造型之前,先复习一下类型转换。基本数据类型的类型转换分为两种：自动类型转换和强制类型转换。基本数据类型中的数值类型:

`byte / short / int / long / float / double`

从左到右是从数据占位空间小到占位空间大的转换,可以由编译器自动转换。从右到左则不能自动转换,必须使用强制类型转换。

例如:

```
long lg;
float f =3.14f;          //注意,此处必须加上 f,否则产生编译错误
                         //因为任何带小数点的数值默认都是 double 类型
lg = (long) f;
int i, j;
double r;
i = 29;
j = 6;
r = i / j;
r = ((double) i) / j;
```

造型也是一种类型转换,只不过是把对象从一个类转换为另一个类。类可以是具体类、抽象类、接口。例如:

```
Pencil pen =new RubberPencil();
pen.write("开始做作业!");
```

上面是把对象 pen 从 RubberPencil 类型转换为 Pencil 类型。由于两者是继承关系,如图 8.3 所示,RubberPencil 子类实例自动地就是 Pencil 父类的实例。

```
Pencil pen =new RubberPencil();
```

以上语句是合法的,称为隐式转换(Implicit Casting)。子类是父类的一种,子类转换为父类可自动实现,类图中从下向上的转换(即向上转型)自动完成。

假设使用下面的语句把对象引用赋值给 RubberPencil 类型的变量:

```
ubberPencil rb =new  Object();
```

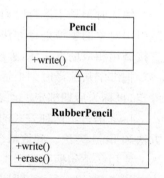

图 8.3　具有继承关系的类

在这种情况下将会发生编译错误。为什么子类对象可以赋值给父类句柄,而父类对象不能赋值给子类句柄呢?原因是子类对象总是父类的实例,但父类对象不一定是子类的实例,例如 Object 的对象不一定是 RubberPencil 类的实例。为了清楚地告诉编译器父类对象就是一个子类对象,需要显式转换(Explicit Casting)。显式转换的语法与基本类型转换相似,用括号把目标对象的类型括住,然后放到要转换的对象前面。如下所示:

```
Ojbect obj;
RubberPencil rb = ( RubberPencil) obj ;     //显式转换
```

对象的类型转换分为向上转型和向下转型。无论是向上转型还是向下转型，必须是两个类型之间存在继承关系。向上转型时系统会自动进行类型转换。向下转型时，只有父类型的引用变量才能转换成子类，并且需要强制转换。

8.3.1　向上转型

总是可以把子类的对象造型为父类的对象，称为向上转（Upcasting），因为子类的实例永远都是它的父类的实例。画类图时，父类在上，子类在下，由下向上转是安全的，不会出现类型不匹配情况，并且是由编译器自动执行。

8.3.2　向下转型

把父类句柄引用的对象转换为子类的对象，称为向下转型（Down Casting）。向下转型使用转换标记"（子类名）"进行显式转换，并且要确保被转换对象是子类的一个实例。如果父类对象不是子类的一个实例，就会出现 ClassCastException 的运行异常。例如，如果一个对象不是 RubberPencil 的实例，它就不能转换成 RubberPencil 类型的变量。请看下列代码：

```
Ojbect obj =new String();              //父类句柄指向字符串实例
RubberPencil rb = ( RubberPencil) obj;   //试图将 obj 转型为 RubberPencil 类型
```

程序段在运行时会出现如下异常：

当父类句柄是子类的实例时可以强制转换。下面代码运行时不会出错：

```
Object obj =new RubberPencil();
RubberPencil rb =(RubberPencil) obj;
```

因此，一个好的经验是在尝试转换之前确保该对象是另一个子类对象的实例，可以使用 instancof 运算符来实现。

8.3.3　instanceof 运算符

在进行强制转换时要求两个类型必须具有继承关系的父类和子类，当对非继承关系的两个类进行转换时就会发生异常。instanceof 运算符用于判断对象是不是某个类的实例。使用语法为：

> <引用变量>instanceof <类名称/接口名称>

```
public class Demo {
    public static void main(String[] args) {
        //Object 类型创建一个 String 类型
        //Object 是根类,是所有类的父类
        Object obj ="this is String";
        //obj 是 Object 的实例,输出 true
        System.out.println(obj instanceof Object );
        //obj 是 String 的实例,输出 true
        System.out.println(obj instanceof String );
        //obj 不是 Date 的实例,输出 false
        System.out.println(obj instanceof Date );
    }
}
```

有人可能会奇怪为什么必须进行类型转换呢？如果一开始就都定义为子类对象就不需要转换。将子类对象定义为父类句柄的优点是能够进行通用程序设计。8.4 节将通过实例介绍使用父类句柄实现对象多态的优点。

8.4 多态应用实例

面向对象程序设计中,封装可以隐藏实现细节,使得代码模块化;继承可以扩展已存在的类。它们的目的都是为了代码重用。而多态则是为了实现另一个目的——接口重用。使用多态,应用程序不用逐一调用子类,只需处理抽象父类,大大提高了程序的可复用性。另外,子类的功能可以被父类的方法或引用变量调用,这称为向后兼容,提高了程序的可扩充性和可维护性。

8.4.1 接口作为参数实例

计算机有 USB 接口,接口是统一的,因此可以插入打印机、U 盘或 MP3 等外部设备。设备不同,插入后工作内容不同。所有可连接的外部设备的共同特点是有统一的 USB 接口。因此,可以抽象出 USB 接口,定义出所有外设的共同功能。打印机、MP3 实现接口,把功能具体化。设计的 UML 图如图 8.4 所示。

【例 8.3】 计算机 USB 接口。

USB 是计算机的一部分,两者是组合关系。MP3 和 Printer 分别实现了 USB 接口,重写 work()和 insert()方法。

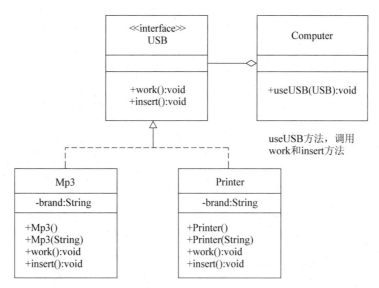

图 8.4 计算机组件 UML 图

```
//USB 接口定义
public interface USB{
    public void work();
    public void insert();
}

//MP3 类实现了 USB 接口
public class Mp3 implements USB{
    private String brand;
    public Mp3(){
        brand="unknown";
        }
    public Mp3(String brand){
        this.brand=brand;
        }
    public void work(){
        System.out.println(brand +"  mp3 is working...");
        }
    public void insert(){
        System.out.println(brand +"  mp3 is inserting...");
        }
    }

//Printer 类实现了 USB 接口
public class Printer implements USB{
    private String brand;
    public Printer(){
        brand="unknown";
```

```
        }
    public Printer(String brand){
        this.brand=brand;
        }
    public void work(){
        System.out.println(brand +"  Printer is working...");
        }
    public void insert(){
        System.out.println(brand +"  Printer is inserting...");
        }
    }

//定义计算机类,使用 USB 接口
public class Computer{
    //USB 接口作为输入参数
    void useUSB (USB usb){
        usb.work();
        usb.insert();
        }
    }

//测试类
public class TestComputer{
    public static void main(String args[]){
    Mp3 mp3=new Mp3("philipse");
    Printer printer=new Printer("hp");
    Computer IBM=new Computer();

    IBM.useUSB(mp3);          //使用 MP3
    IBM.useUSB(printer);      //使用打印机
    }
}
```

USB 接口定义了通用的规范。MP3 类和 Printer 类实现了 USB 接口,但它们的 work()和 insert()方法是不同的。Computer 类要使用 USB 外部设备,useUSB()方法以 USB 接口为输入参数,这样无论是哪种外部设备,只要符合 USB 接口的规范都可以使用。测试类 TestComputer 调用外部设备时,Java 在运行中会自动根据实际创建对象类型决定调用哪个方法。

使用接口定义规范,所有实现接口的子类都要符合规范。这种编程设计模式符合实际情况,例如计算机的 USB 接口就是这样。

8.4.2　父类作为方法返回类型实例

假设小明有两支笔,一支是普通铅笔,另一支是橡皮铅笔。他扔硬币来决定使用哪一支笔写作业,如果是正面就使用普通铅笔,如果是反面就使用橡皮铅笔。

在扔硬币之前不知道会是哪一面,因此也不知道会用普通铅笔还是橡皮铅笔,只有等到扔完后才知道。这就是"运行时刻"的含义。程序在编译时刻无法作出准确的判断，只好推迟到运行时刻再决定。这样会损失一些性能，但是带来了很大的灵活性。

本例中设计了铅笔工厂类，无论是铅笔还是橡皮铅笔都由铅笔工厂类产生。所谓工厂类就是像工厂一样，需要什么就生产什么，并且通常是能够根据不同需要产生不同对象。由于产生铅笔是随机的，不知道是哪种铅笔，因此产生铅笔方法 getPencil() 的返回类型是父类 Pencil 类型。

```java
//笔工厂,根据硬币投掷情况生成铅笔或橡皮铅笔
class PencilFactory {
public static Pencil getPencil()          //返回类型为父类 Pencil
{
    Pencil pen =null;
    if (Coin.throwOut() ==Coin.ZHENG_MIAN) {
        pen =new Pencil();
    }
    else {
        pen =new RubberPencil();
    }
    return pen;
}
}
```

笔工厂类(PencilFactory)根据投币情况创建不同的对象，可以是铅笔对象(pen＝**new** Pencil())，也可以是橡皮铅笔对象(pen＝**new** RubberPencil ())。由于 Pencil 类和 RubberPencil 类存在继承关系，因此返回类型是父类 Pencil 类型。这样，返回生成笔对象统一使用父类 Pencil 句柄。

【例 8.4】　随机选择铅笔或橡皮铅笔写作业。

```java
//铅笔类
class Pencil {
    private String type;

    public Pencil() {
    }
    public Pencil(String type) {
        this.type =type;
    }
    public String getType() {
        return this.type;
    }
    public void setType(String type) {
        this.type =type;
    }
    public void write(String s) {
        System.out.print("使用铅笔书写:" +s);
```

```java
        public String toString() {
            String r;
            r = "一支铅笔";
            if (this.type !=null && this.type.length() !=0) {
                r +=", 其类型是 " +this.type;
            }
            return r;
        }
    }

//橡皮接口
interface Eraser {
    void erase(String s);
}


//橡皮铅笔类,继承铅笔类,实现橡皮接口
class RubberPencil extends Pencil   implements Eraser {
    public RubberPencil() {
    }
    public RubberPencil(String type) {
        super(type);
    }
    public void write(String s) {
        System.out.print("使用橡皮铅笔书写:" +s);
    }
    public void erase(String s) {
        System.out.print("使用橡皮铅笔擦除:" +s);
    }
    public String toString() {
        String r;
        r = "一支橡皮铅笔";
        if (getType() !=null && getType().length() !=0) {
            r +=", 其类型是 " +getType();
        }
        return r;
    }

}

//投硬币,随机产生正面和反面
class Coin {
    public static final int ZHENG_MIAN =0;
    public static final int FAN_MIAN =1;

    public static int throwOut() {
        int i = (int) (Math.random() * 100);
        if (i %2 ==0) {
```

```
            return ZHENG_MIAN;
        }
        else {
            return FAN_MIAN;
        }
    }
}

//笔工厂,根据硬币投掷情况生成铅笔或橡皮铅笔
class PencilFactory {
    public static Pencil getPencil()        //返回类型为父类 Pencil
    {
        Pencil pen =null;
        if (Coin.throwOut() ==Coin.ZHENG_MIAN) {
            pen =new Pencil();
        }
        else {
            pen =new RubberPencil();
        }
        return pen;
    }
}

//测试类,调用笔工厂,生成笔,完成作业
public class PencilSelectorWithFactory {
    public static void main(String[] args) {
        Pencil pen =null;
        pen =PencilFactory.getPencil();
        System.out.println();
        pen.write(" 开始做家庭作业! \n");
        RubberPencil rp =null;
        if (pen instanceof RubberPencil) {
            rp = (RubberPencil) pen;
            rp.write(" 第一题的答案是 36\n");
            rp.erase(" 第一题的答案是 36\n");
        }
    }
}
```

运行结果可能是:

使用铅笔书写:开始做家庭作业!

也可能是:

使用橡皮铅笔书写:开始做家庭作业!
使用橡皮铅笔书写:第一题的答案是 36
使用橡皮铅笔擦除:第一题的答案是 36

　　实例运行说明子类对象引用可以赋值给其父类的引用变量,即自动向上转型。笔工厂类 PencilFactory 的 getPencil()方法返回的类型定义成 Pencil,无论是创建 Pencil 对象还是创建 RubberPencil 对象,都可以通过 getPencil()方法得到。

8.4.3　面向接口编程

　　面向接口编程是面向对象编程体系中的思想精髓之一。接口是抽象方法和常量的集合体。那么接口的本质是什么呢? 或者说接口存在的意义是什么? 可以从以下两个视角考虑:

　　(1) 接口是一组规则的集合,它规定了实现接口的类或接口必须拥有的一组规则。体现了自然界"如果你是……则必须能……"的理念。

　　例如,在自然界中人都能吃饭,即"如果你是人,则必须能吃饭"。那么模拟到计算机程序中,就应该有一个 IPerson(习惯上接口名由 I 开头)接口,并有一个方法叫 eat()。相当于有这样的规定:每一个表示"人"的类必须实现 IPerson 接口,即模拟了自然界"如果你是人,则必须能吃饭"这条规则。

　　(2) 接口是在一定粒度视图上同类事物的抽象表示。注意,这里强调了在一定粒度视图上,因为"同类事物"这个概念是相对的。

　　面向接口编程是在系统分析和架构中分清层次和依赖关系,每个层次不是直接向其上层提供服务(即不是直接实例化上层),而是通过定义一组接口,仅向上层暴露接口功能,上层对于下层仅仅是接口依赖,而不依赖具体类。

　　这样做的好处是显而易见的,首先对系统灵活性大有好处。当下层需要改变时,只要接口及接口功能不变,则上层不需要做任何修改。甚至可以在不改动上层代码时将下层整个替换掉,就像可以将一个 WD 的 60GB 硬盘换成一个希捷的 160GB 的硬盘,计算机其他地方不用做任何改动,而是把原硬盘拔下来,新硬盘插上就行了。因为计算机其他部分不依赖具体硬盘,而只依赖一个 IDE 接口,只要硬盘实现了这个接口就可以替换上去。从这个角度看,程序中的接口和现实中的接口极为相似。

　　使用接口的另一个优点是不同部件或层次的开发人员可以并行工作,就像造硬盘的不用等造 CPU 的,也不用等造显示器的,只要接口一致,设计合理,完全可以并行进行开发,从而提高效率。

习　题　8

　　(1) 什么是动态绑定?

　　(2) 解释为什么父类句柄可以引用子类对象,而子类句柄不可以引用父类对象?

　　(3) instanceof 运算符的作用是什么?

　　(4) 假设 Fruit、Apple、Orange、GoldenDelicious、Macintosh 类已定义,关系如下图所示。

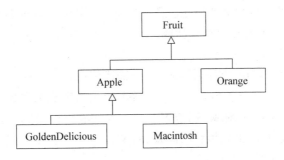

```
Fruit fruit =new GoldenDelicious();
Orange orange=new Orange();
```

有以下操作：

请回答下列问题：

① fruit 是 instanceof Fruit 吗？

② fruit 是 instanceof Orange 吗？

③ fruit 是 instanceof Apple 吗？

④ fruit 是 instanceof GoldenDelicious 吗？

⑤ fruit 是 instanceof Macintosh 吗？

⑥ orange 是 instanceof Fruit 吗？

⑦ orange 是 instanceof Orange 吗？

⑧ orange 是 instanceof Apple 吗？

⑨ 语句 Orange p＝new Apple()合法吗？

⑩ 语句 Macintosh p＝new Apple()合法吗？

⑪ 语句 Apple p＝new Macintosh()合法吗？

编 程 练 习

编写一个完整的 Java Application 程序,包含接口 ShapeArea，Circle 类、Test 类,具体要求如下：

① 接口 Shape。

接口方法：

• double getArea()：求一个形状的面积。

• double getPerimeter ()：求一个形状的周长。

② Circle 类。

实现 Shape 接口,并有以下属性和方法：

属性有 radius：double 类型,表示圆的半径。

方法：

• Circle(double r)：构造函数。

- toString()方法：输出圆的描述信息，如 radius＝1.0，perimeter＝6.28，area＝3.14。

③ Test 类作为主类要完成测试功能。

- 生成 Circle 对象。

- 调用对象的 toString 方法，输出对象的描述信息。

④ 基于形状类，增加一个 Square 类，然后由产生的随机数决定生成形状的种类，如果是奇数就生成一个 Circle 对象，偶数就生成一个 Square 对象。将生成的对象赋值给 Shape 接口句柄，计算并输出该形状的周长、面积。

编写如下方法来完成上述功能：

```
public static void testShape(Shape shape)
```

把该方法与下列重载的方法进行比较：

```
public static void testShape(Circle circle)
public static void testShape(Square square)
```

考虑：如果再增加几种具体的形状类，实现上述功能的两种方式应该如何处理新增加的形状类？

第3篇
高级面向对象设计

第9章

chapter 9

图形用户界面设计

用户界面是用户与计算机系统交互的接口。图形用户界面(Graphics User Interface,GUI)的功能是否完善,使用是否方便,将直接影响到用户对应用软件的使用。图形界面作为用户与程序交互的窗口,是软件开发中一项非常重要的内容。本章将详细介绍 Java 语言图形用户界面的设计、组件的使用,以及事件处理等内容。

9.1 Swing 和 AWT

图形界面就是用户界面元素的有机合成。Java 语言为创建交互性更好的用户界面提供了丰富的图形组件,这些组件不仅在外观上相互关联,内在也具有逻辑关系,通过相互作用、消息传递完成用户操作的响应。

设计和实现图形用户界面时主要包含两项内容:

(1) 创建图形界面中需要的元素,进行相应的布局。

(2) 定义界面元素对用户交互事件的响应以及对事件的处理。

9.1.1 AWT 组件

Java 语言中,为了方便图形用户界面的开发,设计了专门的类库来生成各种标准图形界面元素和处理图形界面的各种事件。这个用来生成图形用户界面的类库就是 java. awt 包。AWT(Abstract Window Toolkit,抽象窗口工具集)是 Java 为 GUI 设计提供的最原始的工具包,在任何一个 Java 运行环境中都可以使用。

但是 AWT 有一个弱点——由于 AWT 要依赖于主机的对等体控件来实现 GUI,因此 GUI 的外观和行为在不同的主机上会有所不同。因此就开发了 Swing 组件。

9.1.2 Swing 组件

Java Swing 组件在 Java 扩展包——javax. swing 包中,它是试图解决 AWT 缺点的一个尝试。Swing 是在 AWT 组件基础上构建的,所有 Swing 组件实际上也是 AWT 的一部分。同样功能的组件,为了在名称上能够区分,Swing 组件多以 J 开头,例如 JFrame、JDialog、JPanel 等。Swing 使用了 AWT 的事件模型和支持类,例如 Colors、

Images 和 Graphics。

为了克服在不同主机上行为会不同的缺点，Swing 将对主机控件的依赖性降到了最低。实际上，Swing 只为诸如窗口和框架之类的顶层组件使用对等体，大部分组件（JComponent 及其子类）都是使用纯 Java 代码来模拟的。这意味着 Swing 可以在所有主机之间很好地进行移植。除了具有更多的组件、布局管理器和事件之外，Swing 还有很多特性使得自己比 AWT 的功能更加强大。

9.1.3　容器类组件

容器类是 GUI 组件，用于盛装其他 GUI 组件的容器。Window、Panel、Applet、Frame、Dialog 都是 AWT 组件的容器类，Component、Container、JFrame、JDialog、JApplet、JPanel 是 Swing 组件的容器。

1. 窗口

窗口类产生一个顶级窗口（Window）。Window 对象是一个没有边界和菜单栏的顶层窗口，它直接出现在桌面上。通常不会直接产生 Window 对象。相反，将使用 Window 类的子类，这就是 Frame 类，窗口的默认布局是 BorderLayout。构造窗口时，它必须拥有窗体、对话框或其他作为其所有者定义的窗口。

2. 框架

Frame 是带有标题和边框的顶层窗口。窗体的大小包括为边框指定的所有区域。当一个 Frame 窗口被程序创建时就创建了一个通常的窗口。

与 Frame 不同，当用户试图关闭窗口时，JFrame 知道如何进行响应。用户关闭窗口时，默认的行为只是简单地隐藏 JFrame。要更改默认的行为，可调用方法 setDefaultCloseOperation(int)。

3. 面板

Panel 类是 Container 类的一个具体子类。它没有添加任何新的方法，只是简单地实现了 Container 类。一个 Panel 对象可以被看作是一个递归嵌套的具体的屏幕组件，Panel 类是 Applet 类的子类。当屏幕输出直接传递给一个小应用程序时，它将在一个 Panel 对象的表面被画出。实际上，一个 Panel 对象是一个不包含标题栏、菜单栏以及边框的窗口。这就是为什么在浏览器中运行一个小应用程序时看不见标题栏、菜单栏以及边框的原因。而当用小应用程序查看器来运行一个小应用程序时，小应用程序查看器提供了标题和边框。其他的组件可以通过调用 Panel 类的 add() 方法被加入到一个 Panel 对象中，这个方法是从 Container 类继承来的。一旦这些组件被加入，那么就可以通过调用在 Component 类中定义的 setLocation()、setSize() 以及 setBounds() 方法来改变这些组件的位置和大小。

4. 画布

虽然画布不是小应用程序和 Frame 窗口的层次结构的一部分,但是 Canvas 这种类型的窗口是很有用的。Canvas 类封装了一个可以用来绘制的空白窗口。

9.2 创建一个基本 GUI 程序

9.2.1 使用 JFrame 类创建一个框架

JFrame 是能够存放其他组件的容器,可以向 GUI 容器中添加 GUI 组件,如标签、按钮、复选框、文本框等。

JFrame 的主要构造方法如下:

(1) JFrame() 构造一个初始时不可见的新窗体。

(2) JFrame(String title)创建一个新的、初始不可见的、具有指定标题的 Frame。

(3) JFrame(String title, GraphicsConfiguration gc) 创建一个具有指定标题和指定屏幕设备的 GraphicsConfiguration 的 JFrame。

【例 9.1】 如何创建一个 GUI 框架。

```
package com.Gui;
import java.awt.*;
import javax.swing.*;
public class TestFrame {
public static void main(String args[]) {
    JFrame frame =new JFrame();           //创建一个 JFrame 的实例
    frame.setSize(200,200);               //将 JFrame 设置成 200×200
    f.setTitle("TestFrame");              //设置框架的标题
    frame.setVisible(true);               //显示 JFrame
    }
}
```

需要注意的是,本例中使用 JFrame 类创建框架类作为容器。JFrame 类与 Frame 轻微不兼容。与 Frame 不同,当用户试图关闭窗口时,JFrame 知道如何进行响应。用户关闭窗口时,默认的行为只是简单地隐藏 JFrame。要更改默认的行为,可调用方法 setDefaultCloseOperation(int)。本例中用的 JFrame 类的几个常用的方法如下:

(1) setSize 方法用来设置窗口的大小。void setSize(int newWidth, int newHeight) 窗口新的大小在变量 newWidth 和 newHeight 中被指定,这些大小使用像素为单位。

(2) setVisible 方法用来隐藏和显示一个窗口。当一个 Frame 窗口被创建以后,这个窗口默认是不可见的,除非调用它的 setVisible()方法。如果 void setVisible(boolean visibleFlag)方法的参数是 true,那么调用它的组件是可见的,否则就被隐藏。值得注意的是,如果想关闭窗口,必须实现 WindowListener 监听器接口的 windowClosing()方法截获窗口关闭事件。在 windowClosing()方法中,必须将窗口从屏幕中除去。

（3）setTitle 方法用来设置或改变窗口标题。void setTitle(String newTitle),参数 newtitle 是窗口的新标题。

9.2.2　在框架中添加组件

Component(public abstract class Component extends Object)是一个具有图形表示能力的对象,可在屏幕上显示,并可与用户进行交互。典型图形用户界面中的按钮、复选框和滚动条都是组件示例。

下面以 JButton 类为例进行介绍。

【例 9.2】　如何在框架中添加按钮。

```java
package com.Gui;
import java.awt.*;
import javax.swing.*;

public class TestFrame {
    public TestFrame(){
    }

    public static void main(String args[]) {
        JFrame frame =new JFrame("TestJFrame");
        //创建一个 JFrame 的实例
        frame.setSize(300,300);          //将 JFrame 设置成 300×300
        frame.setVisible(true);          //显示 JFrame
        JButton button1 =new JButton("确定");
        //创建一个 JButton 的实例
        frame.add(button1);
    }
}
```

程序运行结果如图 9.1 所示。

图 9.1　在框架中添加"确定"按钮

在本例中框架是由 main 方法创建的,这种方法创建的框架不能重用。下面做一下调整,TestFrame 类继承了 JFrame 类,继承了它所有的方法,在 main 方法创建 TestFrame 对象时创建了框架。

```java
public class TestFrame extends JFrame {
    public TestFrame(){
        //创建一个 JButton 的实例
        JButton button1 =new JButton("确定");
        this.add(button1);               //将组件 button1 添加到本类对象框架中
        this.setSize(300,300);           //将 JFrame 设置成 300×300
        this.setTitle("TestFrame");
        }
    public static void main(String args[]) {
        TestFrame f=new TestFrame();
        f.setVisible(true);             //显示 JFrame
    }
}
```

测试如何重用上述框架,代码如下:

```java
import javax.swing.*;

public class UseTestFrame {

    public static void main(String []args){
        JFrame f=new TestFrame();       //调用了 TestFrame 类的构造方法
        f.setVisible(true);
    }
}
```

运行结果与图 9.1 完全一致。

9.2.3　设置界面布局

Java 中每个容器都使用布局管理器对象自动安排容器中的组件,如果不指定布局管理器,就采用默认的布局管理器,在这种情况下按钮放在框架的中心并占据整个框架。为了达到理想的界面设计,需要综合使用多种布局管理器,例如 java. awt. FlowLayout、java. awt. BorderLayout、java. awt. GridLay-out、java. awt. GridBagLayout、java. awt. CardLayout、javax. swing. BoxLayout 和 javax. swing. SpringLayout。在这里介绍最常用的布局管理器的用法。

【例 9.3】　试图在框架中添加多个按钮,但没有做任何布局设置。

```java
package com.Gui;
import java.awt.*;
import javax.swing.*;
public class TestFrame {
```

```
public static void main(String args[]) {
    //创建一个 JFrame 的实例
    JFrame frame =new JFrame("TestJFrame");
    frame.setSize(200,200);      //将 JFrame 设置成 200×200
    frame.setVisible(true);      //显示 JFrame
    //创建一个 JButton 的实例
    JButton button1 =new JButton("确定");
    JButton button2 =new JButton("取消");
    frame.add(button1);
    frame.add(button2);
    }
}
```

例 9.3 的运行结果如图 9.2 所示。

(a) 同时添加两个按钮未设置布局

(b) 同时添加两个按钮并设置布局

图 9.2　例 9.3 运行效果图

　　程序代码中实现了在容器中加入两个按钮,运行结果出现了只有最后加入的组件显示在上面,造成这种现象的原因是多个组件叠加,所以只有最上面的组件能被看到。这就用到了布局管理器的概念,Java 的布局管理器提供了一层抽象,自动把用户界面映射到所有的窗口系统。

　　组件的布局包括位置和大小,通常由布局管理器(Layout Manager)负责安排,每个容器都有一个默认的布局管理器,通过容器的 setLayout()方法改变容器的布局管理器。

　　(1) FlowLayout 布局管理器。

　　FlowLayout 定义在 java.awt 包中,对容器中组件进行布局的方式是将组件逐个安放在容器中的一行上,一行放满后就另起一个新行。在默认情况下,将组件居中放置在容器的某一行上。FlowLayout 布局管理器并不强行设定组件的大小,而是允许组件拥有它们自己所希望的尺寸。每个组件都有一个 getPreferredSize()方法,布局管理器会调用这一方法取得每个组件希望的大小。

　　【例 9.4】　如何同时为多个组件设置布局。

```
package com.Gui;
import java.awt.*;
import javax.swing.*;

public class TestLayout {
```

```
        public TestLayout(){
}
public static void main(String args[]) {
        JFrame frame=new JFrame();
        frame.setTitle("TestFlowLayout");
        frame.setSize(300,200);                 //将 JFrame 设置成 500×500
        frame.setVisible(true);                 //显示 JFrame
frame.setDefaultCloseOperation(JFrame.EXIT_ON_CLOSE);
frame.setLayout(new FlowLayout(FlowLayout.LEFT,10,10));
//设置间距为水平 10,垂直 10 的边界布局
        JButton button1 = new JButton("NORTH");   //创建 JButton 实例
        JButton button2 = new JButton("EAST");
        JButton button3 = new JButton("SOUTH");
        JButton button4 = new JButton("WEST");
        JButton button5 = new JButton("CENTER");
        frame.add(button1);
        frame.add(button2);
        frame.add(button3);
        frame.add(button4);
        frame.add(button5);
    }
}
```

例 9.4 中使用 FlowLayout 顺序布局,如图 9.3(a) 所示。如果改变框架大小,组件会自动排列,如图 9.3(b)所示。

(a) 框架中同时添加5个按钮　　　　　(b) 改变框架后组件的分布

图 9.3　添加及排列按钮

具体工程应用中需要有良好的 GUI 程序设计风格,经常需要创建风格一致的框架。如果将组件的添加、布局的设置都放置到 main()方法中,那么当创建同一个类的多个实例时有可能造成框架不一致,这个类的可重用性较差,改动例 9.4 为例 9.5。

【**例 9.5**】　如何创建 FlowLayout 布局框架。

```
package com.Gui;
import java.awt.*;
import javax.swing.*;
public class TestLayout extends JFrame{
    public TestLayout(){
```

```
        setLayout(new FlowLayout(FlowLayout.LEFT,10,10));
        //设置间距为水平 10,垂直 10 的边界布局
        JButton button1 =new JButton("NORTH");
        //创建一个 JButton 的实例
        JButton button2 =new JButton("EAST");
        JButton button3 =new JButton("SOUTH");
        JButton button4 =new JButton("WEST");
        JButton button5 =new JButton("CENTER");
        add(button1);
        add(button2);
        add(button3);
        add(button4);
        add(button5);
    }
    public static void main(String args[]) {
        TestLayout frame =new TestLayout();
        //创建一个 JFrame 的实例
        frame.setTitle("TestFlowLayout");
        frame.setSize(300,200);      //将 JFrame 设置成 500×500
        frame.setVisible(true);      //显示 JFrame
    }
}
```

本例是一个 GUI 应用程序,通过用 TestLayout 继承 JFrame 类扩展 JFrame 类。通过构造方法:

```
public TestLayout(){
        setLayout(new FlowLayout(FlowLayout.LEFT,10,20));
}
```

实现多个实例共用同一风格,可以将组件的添加放在构造函数中。

（2）BorderLayout 布局管理器。

BorderLayout 是顶层容器中内容窗格的默认布局管理器,由 BorderLayout 管理的容器被划分成北（North）、南（South）、西（West）、东（East）中（Center）5 个区域,分别代表容器的上、下、左、右和中部。BorderLayout 定义在 java. awt 包中,使用 add(BorderLayout,index)方法可以将组件加到 BorderLayout 中,其中 index 是一个常量,取值为 BorderLayout . NORTH、BorderLayout. SOUTH、BorderLayout. WEST、BorderLayout. EAST、BorderLayout . CENTER。

【例 9.6】 如何创建 BorderLayout 布局框架。

```
package com.Gui;
import java.awt.*;
import javax.swing.*;
public class TestLayout extends JFrame{
```

```
    public TestLayout(){
        setLayout(new BorderLayout(20,30));
        //设置间距为水平 10,垂直 20 的边界布局
        JButton button1 =new JButton("NORTH");
        //创建一个 JButton 的实例
        JButton button2 =new JButton("EAST");
        JButton button3 =new JButton("SOUTH");
        JButton button4 =new JButton("WEST");
        JButton button5 =new JButton("CENTER");
        add(button1,BorderLayout.NORTH);
        add(button2,BorderLayout.EAST);
        add(button3,BorderLayout.SOUTH);
        add(button4,BorderLayout.WEST);
        add(button5,BorderLayout.CENTER);
    }
    public static void main(String args[]) {
        TestLayout frame =new TestLayout();
        //创建一个 JFrame 继承类 TestLayout 的实例
        frame.setTitle("TestJFrame");
        frame.setSize(300,200);        //将 JFrame 设置成 500×500

frame.setVisible(true);                //显示 JFrame
frame.setDefaultCloseOperation(JFrame.EXIT_ON_CLOSE);
            }
    }
```

图 9.4 是上例的运行结果,在框架的不同位置添加了 5 个不同的按钮。

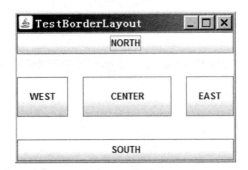

图 9.4　框架中同时添加 5 个按钮

在 add 方法中第一个参数表示组件对象,第二个参数表示组件的摆放位置,必从
BorderLayout. NORTH、BorderLayout. SOUTH、BorderLayout. WEST、BorderLayout
. EAST、BorderLayout. CENTER 中选一个。

（3）CardLayout 布局管理器。

CardLayout 布局管理器是一种卡片式的布局管理器,它将容器中的组件处理为一系
列卡片,每一时刻只显示出其中的一张。在 javax. swing 包中定义了 JTabbedPane 类,它
的使用效果与 CardLayout 类似,但更为简单。

其中 CardLayout()创建一个间距大小为 0 的新卡片布局。

而 CardLayout(int hgap, int vgap)创建一个具有指定水平间距和垂直间距的新卡片布局。

常用的方法有：

- last(Container parent)翻转到容器的最后一张卡片。
- next(Container parent)翻转到指定容器的下一张卡片。
- previous(Container parent)翻转到指定容器的前一张卡片。

【例 9.7】 使用 JTabbedPane 实现 CardLayout 布局。

```java
import java.awt.*;
import javax.swing.*;
import javax.swing.JTabbedPane;
public class TestCardlayout extends JFrame  {
    public TestCardlayout() {
        this.setTitle("使用 JTabbedPane 实现卡片式布局");
        setSize(400, 300);
        JTabbedPane card =new JTabbedPane();
        card.addTab("大数据", null, new JLabel("大数据内容"));
        card.addTab("云计算", null, new JLabel("云计算内容"));
        add(card);
        }
    public static void main(String[] args) {
        TestCardlayout test =new TestCardlayout();
        test.setVisible(true);
    }
}
```

运行结果如图 9.5 所示。

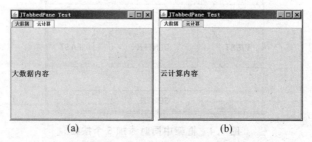

图 9.5 CardLayout 布局效果

（4）网格布局管理器。

网格布局管理器（GridLayout）将容器空间划分成若干行乘若干列的网格，组件依次放入其中，每个组件占据一格网格。每列的宽（高）度都是相同的，这个宽度大致等于容器的宽度除以网格的列（行）数。组件被放入容器的次序决定了它所占据的位置。每行网格从左至右依次填充，一行用完之后转入下一行。当容器的大小改变时，GridLayout所管理的组件的相对位置不会发生变化，但组件的大小会随之改变。

① 网格布局把容器区域分成若干个大小相同的网格,每个网络可以放置一个组件,这种布局方式对数量众多的组件很合适。

② 创建网格布局管理器时可以给定网格的行数和列数。

```
import java.awt.*;
import javax.swing.*;
public class TestCardlayout extends JFrame {
    JButton b1,b2,b3,b4,b5,b6;
        public TestCardlayout(){
            this.setTitle("GridLayout");
            this.setLayout(new GridLayout(3,3));
            //将界面设置成一个 3×3 的网络
            b1=new JButton("云计算");
            b2=new JButton("大数据");
            b3=new JButton("4G");
            b4=new JButton("数据中心");
            b5=new JButton("信息消费");
            b6=new JButton("软件产业");
            this.add(b1);
            this.add(b2);
            this.add(b3);
            this.add(b4);
            this.add(b5);
            this.add(b6);
        }
          public static void main(String args[])
          {   TestCardlayout f=new TestCardlayout();
              f.setVisible(true);
          }
    }
```

(5) 组件的精确定位方式。

存放组件也可以不用布局管理器,使用 setLayout(null)方法使布局管理器为空,目的是关闭默认的布局管理器,然后使用 setBounds(int x,int y,int width,int height)方法精确指出组件在容器中的存放位置和大小。

9.2.4　事件处理

在已创建的框架中添加了各类组件,并且摆放成了理想的位置。这只完成了创建GUI的第一步,那么如何让已添加的组件工作呢? 例如通过 Button 类创建一个按钮。在按下该按钮时,希望应用程序能执行某项动作,这就需要用到 Java 的事件处理机制。

(1) 事件。用户对组件的一个操作称为一个事件,如按钮被按下事件、鼠标被拖动事件。

(2) 事件源。发生事件的组件就是事件源。

(3) 事件处理器。某个 Java 类中负责处理事件的方法,对由哪个组件发出的什么样的动作进行对应的响应。

事件处理模型如图 9.6 所示。

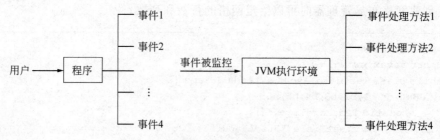

图 9.6 事件处理模型

下面通过例 9.8 来说明事件处理方法。

【**例 9.8**】 为例 9.2 中的"确定"按钮增加关闭窗口的功能。

```java
import java.awt.*;
import javax.swing.*;
import java.awt.event.*;
public class TestEvent extends JFrame {
    JButton button1;
    public TestEvent(){
        setSize(300,300);                  //将 JFrame 设置成 300×300
        button1 =new JButton("确定");      //创建一个 JButton 的实例
        add(button1);
    }
    //事件处理方法
    public static void main(String args[]) {
        //创建框架并添加组件到框架中
        TestEvent frame=new TestEvent();
        frame.setVisible(true);            //显示 JFrame
        //将组件与事件响应程序链接在一起
        frame.button1.addActionListener(new EventResponse());
    }
}
//定义一个监听器类完成响应组件按钮按下的事件
class EventResponse  implements ActionListener{
//事件响应程序
public void actionPerformed(ActionEvent e) {
        System.exit(0);
    }
}
```

在上面的程序代码中，由于 AWT 中的事件类和监听器接口类都位于 java. awt. event 包中，所以在程序的开始处需要 importjava. awt. event. * 。

处理发生在某个 GUI 组件上的对应事件的某种情况，处理的通用流程如下：

（1）编写一个事件监听器类（EventResponse），这个类必须是实现接口的事件监听器类。

（2）调用事件监听器类中的特定方法 public void actionPerformed(ActionEvent e)编写处理代码用于响应按钮按下并释放的事件。

（3）调用组件上的 addActionListener(new EventResponse())方法将类 EventResponse 创建的对象注册到 GUI 组件上。

9.3　常用的事件及其相应的监听器接口

9.3.1　Java 中事件

事件是指用户对程序的某一种功能性操作。Java 中的事件类都包含在 JDK 的 Java.awt.event 包中。

Java 中的事件主要有两种：

（1）组件类事件。

有 ComponentEvent、ContainerEvent、WindowEvent、FocusEvent、PaintEvent 和 MouseEvent 共 6 大类，它们均在当组件的状态发生变化时产生。

（2）动作类事件。

有 ActionEvent、TextEvent、AdjustmentEvent 和 ItemEvent 共 4 类，它们均对应用户的某一种功能性操作动作。

ActionEvent 类对应 ActionListener 接口；MouseEvent 类对应 MouseMotionListener 接口和 MouseListener 接口；WindonEvent 类对应 WindonListener 接口（即发生了***Event 类型的事件，那么处理该事件的接口为***Listener）。它们的父类为 EventObject 类。

下面是对各个事件类的说明：

- EventObject：所有事件类的超类。最重要的方法是 getSource()，返回产生某事件的对象。
- AWTEvent：所有 AWT 事件类的超类。最重要的方法是 getID()，返回某事件的 ID 号。事件的 ID 是一个整数，它指定事件的类型，例如按钮事件或鼠标点击事件。
- ActionEvent：激活组件时发生的事件。
- AdjustmentEvent：调节可调整的组件（如移动滚动条）时发生的事件。
- ComponentEvent：操纵某组件时发生的一个高层事件。
- ContainerEvent：向容器添加或删除组件时发生。
- InputEvent：由某输入设备产生的一个高层事件。
- ItemEvent：在选择项、复选框或列表中选择时发生。
- KeyEvent：操作键盘时发生。
- MouseEvent：操作鼠标时发生。
- PaintEvent：描绘组件时发生的一个事件。
- TextEvent：更改文本时发生。

- WindowEvent：操作窗口时发生的事件，如最大化或最小化某一窗口。

常用的事件很多，其对应的接口也很多，表 9.1 所示为一些常用的事件接口。

表 9.1　常用的事件接口

时间类别	含义	监听器接口	接口中的方法
ActionEvent	激活组建	ActionListener	actionPerformed(ActionEvent e)
MouseMotionEvent	鼠标移动	MouseMotionListener	mouseDragged(MouseEvent e) mouseMoved(MouseEvent e)
MouseEvent	鼠标单击	MouseListener	mousePressed(MouseEvent e) mouseRepleased(MouseEvent e) mouseExited(MouseEvent e) mouseCliked(MouseEvent e)
KeyEvent	键盘输入	KeyListener	keyPressd(KeyEvent e) keyReleased(KeyEvent e) keyTyped(KeyEvent e)
ItemEvent	选择了某项	ItemListener	itemStateChanged(ItemEvent e)
TextEvent	组件内容编辑	TextListener	textValueChanged(TextEvent e)
FocusEvent	获取或失去焦点	FocusListener	focusGained(FocusEvent e) focusLost(FocusEvent e)
AdjustmentEvent	移动了滚动条等组件	AjustmentListener	adjustmentValueChanged(AdjustmentEvent e)
WindowEvent	窗口事件	WindowsListener	windowClosing(WindowEvent e) windowOpened(WindowEvent e) windowIconifiedWindowEvent e) windowDeiconified(WindowEvent e) windowClosed(WindowEvent e) windowActivated(WindowEvent e) windowDeactivated(WindowEvent e)
ComponentEvent	对象移动、缩放、显示、隐藏	ComponentListener	componentMoved(Component e) componentHidden(Component e) componentResizeed(Component e) componentShown(Component e)
ContainerEvent	容器增删组件	ContainerListener	componentAdded(ContainerEvet e) componentRemoved(ContainerEvet e)

9.3.2　Windows 事件处理

Windows 类的任何子类都可能触发改变窗口状态的事件，像打开、关闭、激活或停用、图标化或取消图标化。接口 WindowListener 是用于接收窗口事件的侦听器接口，旨在处理窗口事件的类要么实现此接口（及其包含的所有方法），要么扩展抽象类 WindowAdapter（仅重写所需的方法）。然后使用窗口的 addWindowListener 方法将从该类所创建的侦听器对象向该 Window 注册。

【例 9.9】 演示当窗口图标化或取消图标化，文本框中文字的变化。

```java
import java.awt.*;
import javax.swing.*;
import java.awt.event.*;
public class TestWindowsEvent extends JFrame{
    static JTextField textfield1;
    private Font f=new Font("sanserif",Font.PLAIN,30);
        public TestWindowsEvent(){
        setTitle("测试 window 事件处理");
        setSize(300,300);
        textfield1=new JTextField(50);
        textfield1.setLocation(200, 100);
        textfield1.setText("我将变化");
        textfield1.setFont(f);
        add(textfield1);
    }
    public static void main(String args[]){
        TestWindowsEvent testwindow1=new TestWindowsEvent();
        testwindow1.setVisible(true);
        testwindow1.addWindowListener(new
            WindowsEventListener() );
    }
}
class WindowsEventListener implements WindowListener{
    public void windowActivated(WindowEvent e) {
            }
    public void windowDeactivated(WindowEvent e) {

    }
    public void windowClosed(WindowEvent e) {
    }
    public void windowClosing(WindowEvent e) {
        }
    public void windowDeiconified(WindowEvent e) {
      TestWindowsEvent.textfield1.setText("我回来了");
    }
    public void windowIconified(WindowEvent e) {
        }
    public void windowOpened(WindowEvent e) {
        }
}
```

因为接口的方法都是抽象的，因此本例中处理窗口事件的类 WindowsEventListener 实现 WindowListener 接口并重写该接口所包含的所有方法。本例中只有一个方法需要改写代码，下面看一下如何只写需要重写的方法，扩展抽象类 WindowAdapter(仅重写所需的方法)。然后使用窗口的 addWindowListener 方法将从该类所创建的侦听器对象向

Window 注册。

【例 9.10】 通过继承监听器适配器实现事件监听。

```java
import java.awt.*;
import javax.swing.*;
import java.awt.event.*;
public class TestAdapter extends JFrame{
    static JTextField textfield1;
    private Font f=new Font("sanserif",Font.PLAIN,30);

    public TestAdapter(){
        setTitle("测试 window 事件处理");
        setSize(300,300);
        textfield1=new JTextField(50);
        textfield1.setLocation(200, 100);
        textfield1.setText("我将变化");
        textfield1.setFont(f);
        add(textfield1);
    }
    public static void main(String args[]){
        TestAdapter testwindow1=new TestAdapter();
        testwindow1.setVisible(true);
        testwindow1.addWindowListener(new
            WindowsEventListener() );
    }
}
class WindowsEventListener extends  WindowAdapter{
    public void windowDeiconified(WindowEvent e) {
    TestAdapter.textfield1.setText("通过适配器看我回来了");
    }
    }
```

为了简化编程,JDK 针对大多数事件监听器接口定义了相应的实现类,这些被称为事件适配器类(Adapter),给监听器接口中的所有方法提供默认的实现,默认实现只是一个空的方法体。Java 为每个 AWT 监听器接口提供有多个处理程序的监听器适配器,如表 9.2 所示。

表 9.2 适配器与接口对应表

适配器	事件源	监听器接口	接口中的方法
MouseMotionEvent	鼠标移动	MouseMotionListener	mouseDragged(MouseEvent e) mouseMoved(MouseEvent e)
MouseEvent	鼠标单击	MouseListener	mousePressed(MouseEvent e) mouseRepleased(MouseEvent e) mouseExited(MouseEvent e) mouseClicked(MouseEvent e)

续表

适配器	事件源	监听器接口	接口中的方法
KeyAdapter	键盘输入	KeyListener	keyPressed(KeyEvent e) keyReleased(KeyEvent e) keyTyped(KeyEvent e)
FocusAdapter	获取或失去焦点	FocusListener	focusGained(FocusEvent e) focusLost(FocusEvent e)
WindowAdapter	窗口事件	WindowsListener	windowClosing(WindowEvent e) windowOpened(WindowEvent e) windowIconifiedWindowEvent e) windowDeiconified(WindowEvent e) windowClosed(WindowEvent e) windowActivated(WindowEvent e) windowDeactivated(WindowEvent e)
ComponentAdapter	对象移动、缩放、显示、隐藏	ComponentListener	componentMoved(Component e) componentHidden(Component e) componenResizeed(Component e) componentShown(Component e)
ContainerAdapter	容器增删组件	ContainerListener	componentAdded(ContainerEvent e) componentRemoved(ContainerEvent e)

9.3.3　键盘事件处理

键盘事件可以利用键来控制和执行一些操作，或从键盘上获取输入。Java 提供 KeyListener 来处理键盘事件，KeyEvent 对象描述事件的特性。

KeyEvent 类表示组件中发生键盘上某个键击的事件。当按下、释放或输入某个键时，组件对象(如文本字段)将生成此低级别事件。该事件被传递给每一个 KeyListener 或者 KeyAdapter 对象，这些对象使用组件的 addKeyListener 方法注册，以接收此类事件。发生事件时，所有此类侦听器对象都将获得 KeyEvent。

"输入键"事件是高级别事件，通常不依赖于平台或键盘布局。输入 Unicode 字符时生成此类事件，它们被认为是发现字符输入的最佳方式。最简单的情况是按下单个键(如 a)将产生输入键事件。但是，字符经常是通过一系列按键(如 Shift＋a)产生的，按下键事件和输入键事件的映射关系可能是多对一或多对多的。键释放通常不需要生成输入键事件，但在某些情况下，只有释放了某个键后才能生成输入键事件(如在 Windows 中通过 Alt-Numpad 方法输入 ASCII 序列)。对于不生成 Unicode 字符的键是不会生成输入键事件的(如动作键、修改键等)。

getKeyChar 方法总是返回有效的 Unicode 字符或 CHAR_UNDEFINED。KEY_TYPED 事件报告字符输入：KEY_PRESSED 和 KEY_RELEASE-D 事件不必与字符输入关联。因此，可以保证 getKeyChar 方法的结果只对 KEY_TYPED 事件有意义。

对于按下键和释放键事件，getKeyCode 方法返回该事件的 keyCode。对于输入键事件,getKeyCode 方法总是返回 VK_UNDEFINED。

　　"按下键"和"释放键"事件是低级别事件,依赖于平台和键盘布局。只要按下或释放键就生成这些事件,它们是发现不生成字符输入的键(如动作键、修改键等)的唯一方式。通过 getKeyCode 方法可指出按下或释放的键,该方法返回一个虚拟键码。

　　虚拟键码用于报告按下了键盘上的哪个键,而不是一次或多次键击组合生成的字符(如 A 是由 Shift+a 生成的)。

　　例如,按下 Shift 键会生成 keyCode 为 VK_SHIFT 的 KEY_PRESSED 事件,而按下 a 键将生成 keyCode 为 VK_A 的 KEY_PRESSED 事件。释放 a 键后会激发 keyCode 为 VK_A 的 KEY_RELEASED 事件。另外,还会生成一个 keyChar 值为 A 的 KEY_TYPED 事件。

　　按下和释放键盘上的键会导致(依次)生成以下键事件:

　　【例 9.11】 获取 Enter 键被按下时,文本框中的字符将随之改变。

```java
import java.awt.BorderLayout;
import java.awt.Font;
import java.awt.event.KeyAdapter;
import java.awt.event.KeyEvent;
import javax.swing.JFrame;
import javax.swing.JPanel;
import javax.swing.JTextField;

public class TestKeyEvent extends JFrame {
    private JTextField textField;
    Font f=new Font("sanserif",Font.PLAIN,20);
    public TestKeyEvent() {
    super();
    final JPanel panel =new JPanel();
    panel.setLayout(null);
    add(panel, BorderLayout.CENTER);
    textField =new JTextField();
    textField.setBounds(60, 60, 200, 50);
    panel.add(textField);
    this.setSize(400,300);
    this.setVisible(true);

    textField.addKeyListener(new KeyAdapter() {
    public void keyPressed(KeyEvent e) {
        if (e.getKeyCode()==KeyEvent.VK_ENTER){
            textField.setFont(f);
        }
    }
    });
    }
    public static void main(String[] args) {
```

```
        new TestKeyEvent();
    }
}
```

本例中使用 getKeyCode 方法响应事件源 VK_ENTER 触发的事件。如果一个事件
监听器类只用于在一个组件上注册监听事件对象，为了让程序代码更为紧凑，这里用匿
名内部类缩短内部类监听器。

```
new KeyAdapter() {
    public void keyPressed(KeyEvent e) {
    ***************************************
        }
}
```

上例中的这部分代码使用了匿名内部类监听器完成响应事件功能。下面的代码与
上例有一些不同，但是它们最后所实现的功能是完全相同的。

```
import java.awt.BorderLayout;
import java.awt.Font;
import java.awt.event.KeyListener;
import java.awt.event.KeyAdapter;
import java.awt.event.KeyEvent;
import javax.swing.JFrame;
import javax.swing.JPanel;
import javax.swing.JTextField;
public class TestKeyEvent extends JFrame {
    private JTextField textField;
    Font f=new Font("sanserif",Font.PLAIN,20);
    public TestKeyEvent() {
    super();
    final JPanel panel =new JPanel();
    panel.setLayout(null);
    add(panel, BorderLayout.CENTER);
    textField =new JTextField();
    textField.setBounds(60, 60, 200, 50);
    panel.add(textField);
    this.setSize(400,300);
    this.setVisible(true);
    KeyListener listener=new KeyEnter();
    textField.addKeyListener(listener);
    }
    private class KeyEnter extends KeyAdapter{
        public void keyPressed(KeyEvent e) {
        if (e.getKeyCode()==KeyEvent.VK_ENTER){
            textField.setFont(f);
            textField.setText("text have saved");
```

```
            }
        }
    }
    public static void main(String[] args) {
    new TestKeyEvent();
    }
}
```

9.3.4　鼠标事件处理

MouseEvent 类用于描述鼠标事件。鼠标事件主要指鼠标按下、释放、点击、移动或拖动时产生的事件。Java 提供了两个监听器接口 MouseListener 和 MouseMotionListener,用于监听鼠标事件。

【例 9.12】　鼠标事件测试。

```
import java.awt.event.*;
import javax.swing.*;
import java.awt.*;
public class TestMouseEvent extends JFrame implements
        MouseMotionListener  {
    JTextArea jtextarea01;
    JScrollPane jscrollpanet01;
    JLabel lable01;
    TestMouseEvent(){
    setTitle("MouseEventTest");
    setLayout(new FlowLayout());
    lable01=new JLabel("鼠标事件测试");
    this.add( lable01);
    jtextarea01=new JTextArea(10,24);
    this.add( jtextarea01);
    jscrollpanet01=new JScrollPane(jtextarea01);
    this.add(jscrollpanet01);
    this.setSize(350, 2100);
    this.setVisible(true);
    jtextarea01.addMouseMotionListener(this);
    }
    public void mouseDragged(MouseEvent e){
    }
    public void mouseMoved(MouseEvent e){
    float x=e.getX();
    float y=e.getY();
    jtextarea01.setText(jtextarea01.getText()+"\n "+x+","+y);
    }
    public static void main(String[] args) {
    new TestMouseEvent();
        }
    }
```

例 9.12 的运行结果如图 9.7 所示。

例 9.12 中的程序运行时,文本框中的内容将不断追加,每发生一次 MouseEvent 事件追加一行数据。这一行数据由一个坐标组成,是相对于窗口左上角的坐标。getX( )、getY( )方法返回鼠标相对窗口的列和行的坐标,MouseEvent 的 getXOnScreen( )和 getYOnScreen( )方法则返回鼠标相对于屏幕左上角的列和行的坐标。

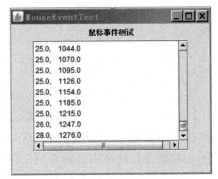

图 9.7 鼠标事件测试结果

9.4 菜 单

Java 语言支持两种类型的菜单:下拉式菜单和弹出式菜单。在 Swing 的所有顶级容器中都可以添加菜单,例如 JFrame、JApplet、JDialog 等。Java 提供了 6 个实现菜单的类,分别为 JMenuBar、JMenu、JMenuItem、JChecBoxMenuItem、JRadioButtonMenuItem 和 JPopupMenu。

JMenuBar 是最上层的菜单栏,一般用来存放菜单。JMenu 是菜单,由用户选择的菜单项 JMenuItem 组成。JCheckBoxMenuItem 和 JRadioButtonMenuItem 分别是复选框菜单项和单选按钮菜单项。JPopupMenu 则是弹出式菜单。

一个完整的菜单系统由菜单条、菜单和菜单项组成。Java 中与菜单相关的类主要有三个,分别是 MenuBar、Menu 和 MenuItem。

9.4.1 菜单的设计与实现

在 Java 程序中菜单的实现步骤一般如下:

(1) 创建一个顶级容器,然后创建一个菜单栏并把它与顶级容器关联起来。

```
JMenuBar jmb = new JMenuBar();    //创建一个菜单栏对象 jmb
Frame.setJMenuBar(jmb);           //将菜单栏与框架关联
```

(2) 创建菜单,然后把菜单添加到菜单栏上。

```
JMenu fileMenu = new JMenu("File");    //创建菜单
JMenu editMenu = new JMenu("Edit");
JMenu helpMenu = new JMenu("Help");
jmb.add(fileMenu);                     //将菜单加到菜单栏
jmb.add(editMenu);
jmb.add(helpMenu);
```

(3) 创建菜单项并把它们添加到菜单上。

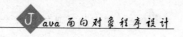

```
//创建一个菜单项并添加到菜单上
fileMenu.add(new JMenuItem("New"));
fileMenu.add(new JMenuItem ("Open"));
```

通过上面的代码,可以将 New 和 Open 这两个菜单项添加到菜单 File 上。

(4) 创建子菜单项。JMenu 是 JMenuItem 的子类,除了可以使用 add 方法向 JMenu 中添加菜单项或子菜单之外,还可以使用 add 方法向菜单中添加简单的字符串,此时 JMenu 对象会自动地创建具有相应标题的 JMenuItem 对象。

下面代码创建了两个 JMenu,并将其中的一个作为另一个的子菜单。

```
JMenuItem  jmiNew =new JMenuItem("New")
JMenuItem  jmiOpen =new JmenuItem("Open")
fileMenu.add(jmiNew);
fileMenu.add(jmiOpen);
```

(5) 创建复选框菜单项。使用 JCheckBoxMenuItem 类可以创建复选框菜单项,复选框菜单项前面有一个复选框,可以实现两种状态的选择: 选中和不选中。例如通过下面语句可以创建一个复选框菜单项:

```
editMenu. add (new JCheckBoxMenuItem("Font"));
```

(6) 创建单选按钮菜单项。使用 JRadioButtonMenuItem 类可以创建单选按钮菜单项,它常用于菜单中一组相互排斥的选项的选择。下列语句创建一个 Color 子菜单和一组用来选择颜色的单选按钮菜单项,并将 Color 子菜单添加到 Edit 菜单上。

```
JMenu colorMenu =new JMenu("Color");
editMenu.add(colorMenu);
JRadioButtonMenuItem jmbRed =new
    JRadioButtonMenuItem("Red");
JRadioButtonMenuItem jmbGreen =new
    JRadioButtonMenuItem("Green");
JRadioButtonMenuItem jmbBlue =new
    JRadioButtonMenuItem("Blue");
ButtonGroup colorgroup =new ButtonGroup();
colorgroup.add(jmbRed);
colorgroup.add(jmbGreen);
colorgroup.add(jmbBlue);
colorMenu.add(jmbRed);
colorMenu.add(jmbGreen);
colorMenu.add(jmbBlue);
```

(7) 为菜单设置图标。需调用菜单项的 setIcon()方法,为该方法指定一个图像文件,例如:

```
jmiNew.setIcon(new ImageIcon("image/new.gif");
jmiOpen.setIcon(new ImageIcon("image/open.gif");
```

（8）为菜单或者菜单项设置快捷键。使用 setAccelerator()方法，设置快捷键后，可以通过同时按住 Ctrl 键和快捷键来达到相同的目的。例如把 Ctrl＋O 设置为菜单项 Open 的快捷键可通过下面代码来实现：

```
jmiOpen.setAccelerator(KeyStroke.getKeyStroke('O',
    java.awt.Event.CTRL_MASK);
```

9.4.2 实现菜单项事件处理代码

当菜单项被选中时会触发 ActionEvent 事件，因此要处理该事件，程序必须实现 ActionListener 接口。下面是一段简单的伪代码示例：

```
public class MenuActionTest implements ActionLIstener{
  public void actionPerformed(ActionEvent e){
      String m =e.getActionCommand();
        if(m.equals("exit")){
          do
            ⋮
        }
  }
}
```

例 9.13 实现了菜单及菜单项事件监听。

【例 9.13】 MenuDemo 实现菜单功能演示。

```
import javax.swing.*;
import java.awt.*;
import java.awt.event.*;
import javax.swing.event.*;

public class MenuDemo extends JFrame{
    private final Color colorValues[] ={ Color.BLACK,
        Color.BLUE, Color.RED, Color.GREEN };
    private JRadioButtonMenuItem colorItems[], fonts[];
    private JCheckBoxMenuItem styleItems[];
    private JLabel displayLabel;
    private ButtonGroup fontGroup, colorGroup;
    private int style;

    public MenuDemo(String title){
        super(title);
```

```java
JMenu fileMenu =new JMenu("File");
fileMenu.setMnemonic('F');
JMenuItem newItem =new JMenuItem("New");
JMenuItem openItem =new JMenuItem("Open");
JMenuItem exitItem =new JMenuItem("Exit");
newItem.setAccelerator(KeyStroke.getKeyStroke('N',
java.awt.Event.CTRL_MASK));
openItem.setAccelerator(KeyStroke.getKeyStroke('O',
java.awt.Event.CTRL_MASK));
exitItem.setAccelerator(KeyStroke.getKeyStroke('E',
java.awt.Event.ALT_MASK));
fileMenu.add(newItem);
fileMenu.add(openItem);
fileMenu.add(exitItem);
JMenuBar bar =new JMenuBar();
setJMenuBar(bar);
bar.add(fileMenu);
JMenu formatMenu =new   JMenu("Fromat");
String colors[] ={ "Black","Blue","Red","Green"};
JMenu colorMenu =new JMenu("Color");
colorItems =new JRadioButtonMenuItem[colors.length];
colorGroup =new ButtonGroup();
ItemHandler itemHandler =new ItemHandler();
for (int count =0; count <colors.length; count++){
    colorItems[count] =new
    JRadioButtonMenuItem(colors[count]);
    colorMenu.add(colorItems[count]);
    colorGroup.add(colorItems[count]);
    colorItems[count].addActionListener(itemHandler);
}
colorItems[0].setSelected(true);
formatMenu.add(colorMenu);
formatMenu.addSeparator();
String fontNames[]=
    {"serif","Monospaced","ScanSerif"};
JMenu fontMenu=new JMenu("Font");
fontMenu.setMnemonic('n');
fonts =new JRadioButtonMenuItem[fontNames.length];
fontGroup=new ButtonGroup();
for(int count=0;count<fonts.length;count++){
  fonts[count]=new
      JRadioButtonMenuItem(fontNames[ count ]);
  fontMenu.add(fonts[count]);
  fontGroup.add(fonts[count]);
  fonts[count].addActionListener(itemHandler);
}
fonts[0].setSelected(true);
fontMenu.addSeparator();
```

```
            String styleNames[]={"Bold","Italic"};
            styleItems=new
                JCheckBoxMenuItem[styleNames.length ];
            StyleHandler styleHandler=new StyleHandler();
            for(int count=0;count<styleNames.length;count++)
            {
                styleItems[count]=new
                JCheckBoxMenuItem(styleNames[count]);
                fontMenu.add(styleItems[count]);
                styleItems[count].addItemListener(styleHandler);
            }
            formatMenu.add(fontMenu);
            bar.add(formatMenu);
            displayLabel=new  JLabel("Hello World!",
                SwingConstants.CENTER);
            displayLabel.setForeground(colorValues[0]);
            displayLabel.setFont(new Font
                ("Serif",Font.PLAIN,50));
            getContentPane().setBackground(Color.WHITE );
    getContentPane().add(displayLabel,BorderLayout.CENTER );
            setSize(300,150);
            setVisible(true);
            setDefaultCloseOperation(JFrame.EXIT_ON_CLOSE);
    }
    public static void main(String args[]){
        new MenuDemo("MenuDemo");
    }
    private class ItemHandler implements ActionListener{
        public void actionPerformed(ActionEvent event){
            for(int count=0;count<colorItems.length;
                count++)        //处理颜色
                if (colorItems[count].isSelected()){
                    displayLabel.setForeground(
                        colorValues[count]); break;
                }
            for(int count=0;count<fonts.length;count++)
                            //处理字体
                if(event.getSource ()==fonts[count]){
                    displayLabel.setFont(new Font
                        (fonts[count].getText(), style, 72));
                }
            repaint();
        }
    }
    private class StyleHandler implements ItemListener {
        public void itemStateChanged(ItemEvent e){
            style =0;
            if (styleItems[0].isSelected())
```

```
            style +=Font.BOLD;
        if (styleItems[1].isSelected())
            style +=Font.ITALIC;
        displayLabel.setFont(new Font
            (displayLabel.getFont().getName(),style,50));
        repaint();
        }
    }
}
```

上例 MenuDemo 主要在 JFrame 里添加一个 JMenuBar,然后在 JMenuBar 上进行菜单栏的添加及监听事件的实现。其可以实现的主要功能是对字符串"Hello World!"颜色的选择和字体的选择,其中可供选择的颜色有 Black、Blue、Red、Green;有三种可选字体,分别为 serif、Monospaced、Scan Serif。此外还可以设置字体为正常或是斜体。图 9.8 中的两幅图是 MenuDemo 的运行结果。

(a) 菜单效果

(b) 字体效果

图 9.8 MenuDemo 运行结果

习 题 9

(1) 什么是容器? 什么是组件? 组件与容器有何区别?

(2) Panel 的默认布局管理器是( )。

A. FlowLayout   B. CardLayout   C. BorderLayout   D. GridLayout

(3) 事件处理机制能够让图形界面响应用户的操作,主要包括( )。

A. 事件   B. 事件处理   C. 事件源   D. 以上都是

(4) ( )布局管理器使容器中各个构件呈网格布局,平均占据容器空间。

A．FlowLayout　　　　　　　　　B．BorderLayout

C．GridLayout　　　　　　　　　D．CardLayout

编 程 练 习

（1）创建一个 Frame，有两个 Button 按钮和一个 TextField，单击按钮，在 TextField 上显示 Button 信息。

（2）做一个简易的"加减乘除"计算器。JFrame 中加入一个显示结果的标签，两个输入文本框，4 个单选框（标题分别为＋、－、＊、/），一个按钮。分别输入两个整数，选择相应运算符，单击后显示计算结果。

（3）将 JFrame 区域分成大小相等的 2×2 块，分别装入 4 幅图片，鼠标进入哪个区域，就在该区域显示一幅图片，移出后则不显示图片。

（4）在 JFrame 中加入两个复选框，显示标题为"学习"和"玩耍"，根据选择的情况分别显示"玩耍""学习""劳逸结合"（两项都选）。

（5）编写一个可以接收字符输入的 GUI 程序，接收用户输入的 10 个整数，并输出这 10 个整数的最大值和最小值。

（6）编写一个支持中文文本编辑程序 TextEdit.java，要求如下：

① 用户界面大小为 400×200 像素，如图 9.9 所示。

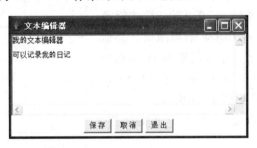

图 9.9　练习用的用户界面

② 程序启动后，多行文本输入框 TextArea 中显示当前目录下 myText.txt 文件中原有的内容，如果该文件不存在，则新建该文件。

③ "保存"按钮功能：将多行文本输入框 TextArea 中的内容写入 myText.txt 文件中保存。

④ "取消"按钮功能：将多行文本输入框 TextArea 中的内容清空。

⑤ "退出"按钮功能：退出程序。

⑥ 窗口事件不处理。

第 10 章

异 常 处 理

到目前为止,程序中没有包含异常处理代码。如果在程序执行期间发生了异常,程序将报告错误消息并非正常终止,这是不希望出现的情况。当程序出现错误后,Java 异常机制提供了程序退出的安全通道。

10.1 Java 异常处理

Java 提供了很多异常类用于处理异常,同时也允许用户自定义异常类。Object 类的子类 Throwable 类是所有错误或异常的父类。只有当对象是此类(或子类之一)的实例时,才能通过 Java 虚拟机或者 Java throw 语句抛出。类似地,只有此类或其子类之一才可以是 catch 子句中的参数类型。Throwable 类有两个子类:Error 类和 Exception 类,关系如图 10.1 所示。

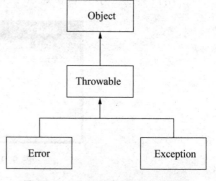

Error 是 Throwable 的子类,是严重的问题,应用程序不处理 Error。

Exception 类是 Throwable 的另一种形式,称作异常,应用程序需要处理异常。

图 10.1 Java 异常的继承关系图

Throwable 类包含多个构造方法和操作方法,表 10.1 列出了一些常用方法。

表 10.1 Throwable 类的常用方法

方　　法	说　　明
public Throwable()	构造方法
public String getMessage()	返回 throwable 的详细消息字符串
public void printStackTrace()	将 throwable 及其追踪输出至标准错误流
public String toString()	返回 throwable 的简短描述

getMessage()、printStackTrace()和 toString()方法被 Throwable 类的子类继承。

Exception 类及其子类(如图 10.2 所示)是异常处理类,使程序更稳定。下面将讨论 Exception 类及其子类和自定义异常类。

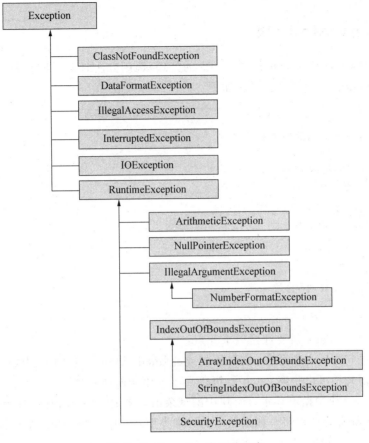

图 10.2 Exception 类及其子类

10.2 Exception 类

Exception 类是异常处理的父类。异常有多种类型,例如 I/O 异常、数字格式异常、文件未找到异常、数组越界异常等。Java 将这些异常分成不同的类,继承关系如图 10.2 所示,放在不同的包中。例如,Exception 类包含在 java.lang 包中,处理 I/O 异常的类包含在 java.io 包中。

Java 预定义异常分为两种:检查异常(Checked Exception)和非检查异常(Unchecked Exception)。RuntimeException 类及其子类是非检查异常,即程序不一定要对异常进行处理。

检查异常是非 RuntimeException 类及其子类的异常,例如 IOExeption、SQLException 等。程序必须要对检查异常进行处理。

10.3　使用异常处理

10.3.1　try/catch/finally 块

方法中为某种类型的异常提供了相应的处理,调用方法时需要捕获异常。异常处理使用 try…catch…finally 语句,语法如下:

```
try{
    //可能出现异常的程序段
}
catch(ExceptionName1 e){
    //异常处理程序段 1
}
catch(ExceptionName3 e){
    //异常处理程序段 2
}
⋮
finally{
    //最后异常处理程序段
}
```

try…catch…finally 需要注意以下几点:

(1) try 语句之后必须存在 catch 语句或者 finally 语句,或者两者同时存在。

(2) try 语句不可以脱离 catch 语句和 finally 语句而独立存在。

(3) 如果 try 块中抛出异常,try 块中的剩余语句将被忽略。程序顺序搜索 catch 块,并查找适当的异常处理程序。如果抛出的异常类型与其中一个 catch 块的参数类型相匹配,则执行此 catch 块的代码。

(4) finally 子句一般完成释放资源的任务,作为异常处理的统一出口,可以省略。如果有 finally 子句,则不管是否发生异常都会执行 finally 块。

【例 10.1】　try…finally 捕获异常实例。

```
public class Ex91{
    public static void methodA() {
        try{
            System.out.println("abcd");      //可能出错的语句块
        }
        finally {
            System.out.println("123456");    //最后异常处理程序段
        }
    }
    public static void main(String[] args){
            methodA();
    }
}
```

运行结果：

```
abcd
123456
```

上例中用 try{ }语句将可能发生异常的语句块标注。由于 try 语句部分没有抛出任何异常，所以省略了 catch 语句。

【例 10.2】　try…catch…finally 捕获异常实例。

```
import java.io.*;
public class Ex92{
  public static void main(String[] args){
  try{   //可能产生异常的代码段
     FileInputStream in =new FileInputStream("test.txt");
     System.out.println("in proc try");
     }
    catch(FileNotFoundException e)          //捕获文件没有找到异常
    {
    System.out.println("in proc catch");
    }
    finally{                                //最后异常处理程序段
     System.out.println("in proc finally");
    }
  }
}
```

运行结果：

```
如果存在文件 test.txt 时将输出：
in proc try
in proc finally
如果 test.txt 文件不存在时将输出：
in proc catch
in proc finally
```

上例是处理文件读写的操作，文件处理在后面章节介绍，这里只需知道文件处理必须捕获异常。实例中类 FileInputStream 在指定文件不存在时将抛出 FileNotFoundException 异常，此时不执行 System. out. println("in proc try")语句。

无论是否抛出异常，finally 语句所包含的代码块 System. out. println("in proc finally")都将被执行。

10.3.2　catch 块的顺序

在捕获异常时，catch 语句可能存在多个，Java 运行时系统将按照 catch 语句的顺序依次进行匹配，直到找到匹配的 catch 语句为止。所谓"匹配"是指：

（1）catch 语句中处理异常类型和生成异常对象完全一致。

（2）catch 语句中处理异常类型是生成异常对象的父类。

```
try{                              //line1
    //statements
}
catch(Exception  eRef)            //line2
{
    //statements
}
catch(ArithmeticException)        //line3
{
    //statements
}
```

假设在 try 块中抛出了异常。因为第二行的 catch 块可以捕获所有类型的异常，所以不会到达第三行的 catch 块。运行时按照自上而下的顺序执行，因此 catch 语句的顺序会影响到执行结果。

使用 catch 语句时能捕获 try 语句中代码抛出的异常类型本身或者异常类型的父类。如果 catch 语句中使用如下方式：

```
catch(Exception e) {            }
```

在任何情况下编译都能够通过。

如果 catch 语句中捕获了 try 语句中的代码不可能抛出的异常，代码将不能编译通过。

```
public class CatchTest{
    static public void methodA() {
        try{
          System.out.println("abcd");
            }
        catch(FileNotFoundException e){}
    }
    public static void main(String[] args){
        methodA();
    }
}
```

上例编译不能通过，编译的错误信息如下：

```
CatchTest.java:10: exception java.io.FileNotFoundException is never thrown in
body of corresponding try statement
    }catch(FileNotFoundException e){}
```

如果将 FileNotFoundException 替换为 Exception 就可以编译通过。

10.3.3　抛出异常

如果方法确实引发了异常,那么在方法中必须写明相应的处理代码。处理异常有两种方法,一种是使用 try-catch 块捕获所发生的异常并进行相应的处理。当然,catch 块可以为空,表示对发生的异常不进行处理。另一种方法是不在当前方法内处理异常,而是把异常抛出,由调用方法处理。

```
返回类型　方法名(参数)　throws 异常列表
```

关键字 throws 后是方法内可能发生且不进行处理的所有异常列表,各异常之间以逗号分隔。例如:

```
public void troubleSome()   throws IOException
```

一般地,如果方法引发了异常,而它自己又不处理,就需要由调用方法处理。

10.4　自定义异常

除了使用 Java 预定义的异常外,用户还可以创建自己的异常。自定义类必须是 Exception 类的子类。

```
public class MyException extends Exception{…}
```

在程序中发现异常情况时,程序可以抛出(Throw)异常实例,将其放到异常队列中,并激活 Java 的异常处理机制。例如:

```
throw   new   MyException();
```

【例 10.3】　自定义异常实例。

问题说明:第 8 章编写了银行账户处理程序。在用户进行取钱操作时需要输入银行账户和取钱金额,有可能发生输入错误账号或取钱金额大于余额的异常。发生异常后,程序应该有提示信息,这就需要使用自定义异常。

```
class NumberException extends Exception            //自定义异常,继承 Exception 类
{
    String info;
    public NumberException ()                       //不带参数构造方法
    {
          info ="It is a wrong number";
    }
```

```
        public NumberException(int number)        //带参数构造方法
        {
               info="Number "+number+" is not permitted";
        }
    //重写父类 toString 方法,返回自定义异常内容
        public String toString()
        {
            return this.info;
        }
}
class ExceptionDemo {
static void check(int i, int balance)    throws NumberException
{
    if(i >balance){
        throw new NumberException();
    }
    else if ( i==0 ){
        throw new NumberException(i);

        }
        else{
            System.out.println("exit without exception");
            }
    }

public static void main(String[] args) {
        int balance =1000;
    try{
        check(300, balance);
    }
    catch(NumberException e){e.printStackTrace();}
    try{
        check(2000, balance);
    }
    catch(NumberException e){e.printStackTrace();}
    try{
        check(0, balance);
    }
    catch(NumberException e){e.printStackTrace();}
    }
}
```

运行结果:

```
exit without exception
It is a wrong number
    at Example.check(Example.java:22)
```

```
    at Example.main(Example.java:37)
Number 0 is not permitted
    at Example.check(Example.java:25)
    at Example.main(Example.java:40)
```

程序说明：

NumberException 类是自定义异常，是 Exception 类的子类。

ExceptionDemo 类定义了 check 方法。在 check 方法声明抛出账号异常，使用的语句是"static void check(int i，int balance)throws NumberException"。

在方法内出现异常的地方使用"throw new NumberException();"抛出异常。

由于 check 方法抛出了异常，main 方法调用 check 方法时必须处理异常编译才能通过。处理方法采用了 try…catch 捕获。

异常处理的优势有：体现了良好的层次结构，提供了良好的接口；异常处理机制使得处理异常的代码和常规代码分离，减少了代码数量，增强了可读性。在异常处理时，遵循的原则主要有：

（1）在程序内部进行异常的捕获和处理，尽量不要让 Java 运行时环境来处理异常对象。

（2）把异常处理的代码与正常代码分开，简化程序并增加可读性。

（3）利用 finally 语句作为异常处理的统一出口。

（4）可以用简单条件测试解决的问题不要用异常控制来解决，以提高程序运行的效率。

（5）对异常处理不要分得太细，也不要压制，要充分利用异常的传递。

（6）自定义异常类一定是 Throwable 的直接或间接子类，一般不用自定义异常类作父类。

（7）捕获或声明异常时要选取合适的类型，注意捕获异常的顺序。

习 题 10

（1）try…catch 语句的作用是什么？catch 语句的顺序与异常处理有何关系？

（2）观察下面程序，回答后面的问题：

```java
public  class  ExceptionQ {
  public static void main(String[] args){
    int[] someArray ={32, 9,5,40};
    int position=getPosition();
    display(someArray, position);
    System.out.println("End of  program");
  }
  private static int getPosition(){
```

```
    System.out.println("Enter array position to display");
    String positionEntered=Scanner.next();
    return Integer.parseInt(positionEntered);
  }
  private static void display(int[] arrayIn, int posIn){
    System.out.println("Item at this position is: "+arrayIn[posIn]);
  }
}
```

① 该程序会出现编译错误吗？

② 哪个方法会抛出异常？

③ 判断可能抛出异常的异常名称，并说明在什么情况下将会抛出该异常？

（3）什么情况下需要定义自己的异常类？

（4）throws 的作用是什么？它与 throw 的区别是什么？

编 程 练 习

编写程序，提示用户输入长度（以尺为单位）并输出等价长度（以米为单位）。如果用户输入一个负数或非数字字符，则抛出并处理相应异常，并提示用户输入另一组数组。

第11章

chapter 11

集　合　类

　　数组是相同类型数据的集合。但数组创建后,数组的大小就是固定的,无法动态改变。编程时如果不能确定数组长度,就需要使用其他方法。为此,Java 语言在 java. util包中提供了一套集合类型,集合类可以容纳多个变量。与数组不同,集合类型自动扩展。不过,集合中只能容纳对象,不能容纳基本数据类型数据。

　　集合类由类和接口组成,它们的组成关系如图 11.1 所示。从 JDK 1.5 版本开始新增了 Iterable 接口,所有集合接口都继承了它。实现这个接口允许对象成为 foreach 语句

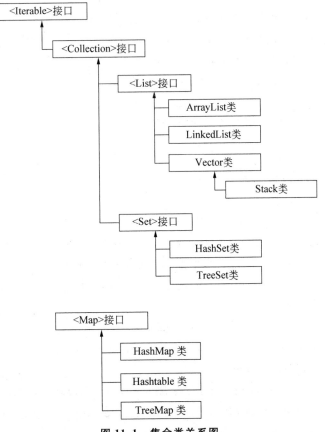

图 11.1　集合类关系图

的目标。Collection 是最基本的集合接口,一个 Collection 代表一组 Object,是 Collection 的元素(Elements)。Java SDK 不提供直接继承自 Collection 的类,提供的类都是继承自 Collection 的"子接口",如 List、Set。

Map 接口在集合框架之外,它是将键映射到值的对象。一个映射不能包含重复的键,每个键最多只能映射一个值。

11.1　Iterable 接口

接口 Iterable 从 JDK 1.5 版本开始使用,在 java.lang 包中。集合总是要迭代的,需要查找集合中的每一个元素。集合接口都无一例外地继承了 Iterable 接口,该接口的唯一方法 iterator()实现这个接口允许对象成为 foreach 语句的目标。

```
Iterator<T>iterator()                //返回一个在一组 T 类型的元素上进行迭代的迭代器
```

11.2　Collection 接口

Collection 接口是集合树中的父接口,JDK 不提供直接继承自 Collection 的类,提供的类都是继承自 Collection 的"子接口",例如 List、Set。方法的实现由实现该接口的子类提供。Collection 接口的方法分成基本、批量、数组和迭代几种。

Collection 接口定义如下:

```
public interface Collection<E>extends Iterable<E>
```

(1) 基本方法。

用于查询的基本方法是对 Collection 元素的增加和删除,包括:

- int size():返回集合元素的个数。
- boolean isEmpty():如果 collection 不包含元素,则返回 true。
- boolean contains(Object o):如果 collection 包含指定的元素,则返回 true。
- boolean add(E e):向集合中增加一个元素,成功返回 true,否则返回 false。
- boolean remove(Object o):从 collection 中移除指定元素的单个实例。

(2) 批量操作方法。

批量操作方法是将整个集合作为一个单元来操作;包括:

- boolean addAll(Collection c):将指定 collection 中的所有元素都添加到当前 collection,成功返回 true。
- boolean removeAll(Collection c):删除所有元素,成功返回 true。
- boolean containsAll(Collection c):如果 collection 包含指定 collection 中的所有元素,则返回 true。

- boolean retainAll(Collection c)：保留 collection 中那些也包含在指定 collection 中的元素。
- void clear()：移除 collection 中的所有元素。

（3）数组操作方法。

把集合转换成数组的操作，包括：

- Object[] toArray()：返回包含 collection 中所有元素的数组。
- <T> T[] toArray(T[] a)：返回包含 collection 中所有元素的数组。返回数组的类型与指定数组的运行时类型相同。

（4）迭代操作方法。

迭代操作是为集合提供顺序获取元素的方法。Iterator iterator()返回一个实现迭代接口的对象。

迭代接口定义的方法有 boolean hasNext()。只要集合存在下一个元素，可用 Object next()方法获取下一个元素。

【例 11.1】　集合类实例。

```java
//IteratorExample.java
import java.util.*;
public class IteratorExample{
public static void main(String args[]){
    Collection intList =new ArrayList();          //创建一个列表
    int[] values={9,11,-7,1,14,89,3,0};
    for(int i=0;i<values.length; i++)
    intList.add(new Integer(values[i]));
    System.out.println("迭代之前: "+intList);
    //显示迭代之前的列表
    Iterator myIterator=intList.iterator();      //定义迭代
    while(myIterator.hasNext()){                 //用循环实现迭代
        Integer element= (Integer)myIterator.next();
        //获取下一个元素
        int value=element.intValue();
    //如果元素值不在 1~10 之间,删除该元素
    if(value<1 || value >10)
                myIterator.remove();
        }
    System.out.println("迭代之后: "+intList);
    //显示迭代之后的列表
    }
}
```

运行结果：

```
迭代之前:[9,11,-7,1,14,89,3,0]
迭代之后:[9,1,3]
```

代码说明：实例创建了一个列表数组，并把一组整数放入，因为整数是基本数据类型而不是对象类型，在插入集合时包装成整数对象。再定义一个迭代，利用循环实现在集合中获取符合条件（值在 1～10 之间）的元素，形成新的列表。

11.3   List 接口

List 接口是元素有序并可重复的集合。因此，可以利用 List 的下标位置找到元素，它的下标从 0 开始。List 接口中定义的方法有：

- E get(int index)：返回列表中指定位置的元素。
- E set(int index, E element)：用指定元素替换列表中指定位置的元素。
- boolean add(E e)：向列表的尾部添加指定元素。
- E remove(int index)：移除列表中指定位置的元素。
- boolean addAll(Collection<extends E>c)：添加指定 collection 中所有元素到此列表的结尾，顺序是指定 collection 迭代器返回元素的顺序。
- int indexOf(Object o) 返回列表中第一次出现指定元素的索引。如果此列表不包含该元素，则返回−1。
- ListIterator<E> listIterator()：返回此列表元素的列表迭代器。
- ListIterator<E> listIterator(int index)：返回列表中元素的列表迭代器，从列表的指定位置开始。

实现 List 接口的常用类有 LinkedList、ArrayList、Vector 和 Stack。

11.3.1   LinkedList 类

LinkedList 类实现了 List 接口，允许有 null 元素。此外，LinkedList 提供额外的get、remove、insert 方法。这些操作使 LinkedList 可用作堆栈（Stack）、队列（Queue）或双向队列（Deque）。

11.3.2   ArrayList 类

ArrayList 类是可变大小数组。每个 ArrayList 实例都有一个容量，这个容量可随着不断添加新元素而自动增加，但是增长算法并没有定义。当需要插入大量元素时，在插入前可以调用 ensureCapacity()方法增加 ArrayList 的容量。

【例 11.2】   ArrayList 实例。

```
import java.util. * ;
public class ListExample{
    public static void main(String args[]){
        List mylist=new ArrayList();
        mylist.add("Welcome");
        mylist.add("to");
```

```
        mylist.add("beijing");
        mylist.add(new Integer(2012));
        mylist.add("Welcome");
        String[] str={"J", "a", "v","a"};
        mylist.add(str);
        mylist.add(new Integer(2012));
        System.out.println(mylist);
    }
}
```

运行结果：

```
[Welcome, to, beijing, 2012, Welcome, [Ljava.lang.String;@de6ced, 2012]
```

程序分析：这段代码可以说明以下问题：

（1）List 按插入的先后次序排序。

（2）List 的元素可重复。

（3）List 中的元素可以是不同类型。

（4）List 可嵌套列表。

11.3.3 Vector 类

Vector 类与 ArrayList 类相似，都是动态数组，区别在于 Vector 类是同步的。同步是指多个线程同时访问某个对象时，保证只有唯一线程访问对象。Vector 类的使用与 ArrayList 类相似，可参考 ArrayList 类。

11.3.4 Stack 类

Stack 类继承自 Vector 类，是后进先出的堆栈。堆栈如同一个桶，只有一个入口，存放和提取都通过入口。存放操作称为压入（Push），提取操作称为弹出（Pop）。由于只有一个口，所以最后压入的最先弹出，最早存入的只能最后提取。除了 Vector 类定义的方法外，Stack 类还有自己的方法。

- boolean empty()：测试堆栈是否为空。
- E peek()：查看堆栈顶部的对象，但不从堆栈中移除它。
- E pop()：移除堆栈顶部的对象，并返回该对象。
- E push(E item)：把对象 E 压入堆栈顶部。
- int search(Object o)：返回对象在堆栈中的位置，以 1 为基数。

例 11.3 使用 Stack 类存储 12 个月的英文单词，再按顺序输出。由运行结果可看出堆栈是先进后出的结构。

【例 11.3】 堆栈操作实例。

```
import java.util.*;
public class StackExample{
static String[]
  months = { " January"," February"," March"," April"," May"," June"," July",
"August","September","October","November","December"};
    public static void main(String args[]){
        Stack myStack=new Stack();
    for(int i=0;i<months.length; i++)
        //将 12 个月的单词从小到大压入堆栈
        myStack.push(months[i]+" ");   System.out.println("Stack="+myStack);
        myStack.addElement("lastOne ");         //放入最后一个单词
        //取下标是 5 的元素
        System.out.println("Element 5 is: " +myStack.elementAt(5));
        System.out.println("pop Element: ");
        while(!myStack.empty())
        //将堆栈中的元素依次提取
        System.out.print(myStack.pop());
    }
}
```

运行结果：

```
Stack=[January, February, March, April, May, June, July, August, September,
October, November, December ]
Element 5 is: June
pop Element:
lastOne December November October September August July June May April March
February January
```

11.4   Set 接口

Set 接口是一种不包含重复元素的 Collection，即任意的两个元素 e1 和 e2 都满足 e1.equals(e2)＝false。Set 中最多有一个 null 元素，并且元素的顺序不重要。以下情况考虑它们是否适合用 set 集合表示。

（1）等待看医生的病人队列。

（2）一系列数字，每个数字代表一年中 52 个星期中的一个星期。

（3）停车许可证记录的汽车注册编号的集合。

第一个问题等待看医生的病人队列不能被看作一个 set 集合，因为这个问题中顺序非常重要。第二个问题数字允许有重复，因此这组元素也不适合用 set 集合表示。第三个问题汽车注册编码的组合可以看作 set 集合，因为没有重复元素，而且顺序并不重要。

11.4.1   Set 接口常用方法

Set 集合与数学的集合定义一致。假设有 a,b 都是 Set,方法对应操作为：

- a.containsAll(b)对应的数学操作为 b∈a(子集)。
- a.addAll(b)对应的数学操作为 a＝a∪b(合集)。
- removeAll(b)对应的数学操作为 a＝a－b(差集)。
- retainAll(b)对应的数学操作为 a＝a∩b(交集)。
- a.clear()对应的数学操作为 a＝Φ(空集)。

实现 Set 接口的常用类有 HashSet 类和 TreeSet 类。本节将介绍 HashSet 类,用它来存储一组汽车注册编码。HashSet 利用 Hash 表,执行速度很快,元素无序。

11.4.2 Set 接口实例

以管理汽车注册为例,介绍 Set 接口的使用。汽车登记时需要提供车牌号,实例是关于车牌号集合的管理。考虑到车牌号不重复,无序,使用 HashSet 实现。

【例 11.4】 汽车注册管理。

```java
import java.util.*;
public class HashSetExample{
    public static void main(String args[]){
    Set regNums=new HashSet();          //创建 Set 集合
    regNums.add("V5230");               //向集合中添加元素
    regNums.add("X8901");
    regNums.add("L3319");
    regNums.add("W7034");
    //输出集合元素个数
    System.out.println("Number of items in set: "+regNums.size());
    System.out.println(regNums);        //输出集合内的元素
    boolean ok;
    ok=regNums.add("W7034");
    //添加元素时判定集合中是否已经存在
    if(!ok){
        System.out.println("item is already in set.");
        regNums.remove("W7034");        //如果存在,则删除该元素
    }
    System.out.println("**********************");
    System.out.println("Number of items in set: "+regNums.size());
    System.out.println(regNums);
    }
}
```

运行结果:

```
Number of items in set: 4
[X8901, V5230, L3319, W7034]
item is already in set.
**********************
Number of items in set: 3
[X8901, V5230, L3319]
```

　　程序分析：执行"System.out.println(regNums);"的输出顺序与它们加入时的顺序无关。显示顺序取决于元素在集合内部的存储顺序，程序无法控制存储顺序。由于 Set 集合中顺序并不重要，因此不会带来问题。

　　尝试添加集合中已经存在的元素，集合不会有变化。假定例 11.3 中 4 个元素已经添加到集合中，尝试添加一个已经存在的注册编号：

```
regNums.add("W7034");
System.out.println(regNums);
```

　　显示时编号 W7034 只会出现一次。add 方法返回一个 boolean 类型的数值，提示是否成功地将一个给定元素添加到集合中。与 add 方法类似，remove 方法也返回一个 boolean 值。如果将要删除的元素不在集合中，返回 false。

　　Set 接口也包含 contains 方法和 isEmpty 方法，这些方法的工作方式与 List 接口完全相同。

11.5　Map 接口

11.5.1　Map 常用方法

　　Map 接口不是继承自 Collection 接口，Map 提供 key 到 value 的映射。Map 不能包含相同的 key，每个 key 只能映射一个 value。在 Map 中顺序并不重要，但关字字是唯一的。通常将 Map 看成一个查找表，key（关键字对象）用于查找。例如，网络中用户的密码可以通过用户名来查询。表 11.1 是查找表实例。

表 11.1　电话号码查找表

用　户　名	密　　码	用　户　名	密　　码
Marry	monkey	Jenny	network
Tommy	banner	Sussan	network

　　通过查找表中的用户名来查询电话号码。用户名作为查找表的关键字必须是唯一的，但是密码可以不唯一。事实上表 11.1 中确实存在两个用户（Jenny 和 Sussan）具有相同的密码（network）。Map 中常用的方法有：

- put（K key，V value）：将指定的值与映射中的指定键关联。
- get（Object key）：返回指定键所映射的值。如果映射不包含该键的映射关系，则返回 null。
- remove（Object key）：如果存在一个键的映射关系，则将其从此映射中移除。
- boolean containsKey（Object key）：如果映射包含指定键的映射关系，则返回 true。
- boolean containsValue（Object value）：如果映射将一个或多个键映射到指定值，则返回 true。

- int size()：返回映射中的键-值映射关系数。
- boolean isEmpty()：如果映射未包含键-值映射关系，则返回 true。
- void putAll(Map m)：将所有映射关系复制到映射中。
- void clear()：从映射中移除所有映射关系。

实现 Map 接口的常用类有 Hashtable 类、HashMap 类、WeakHashMap 类等。本节介绍 HashMap 类，用 HashMap 类实现网络名和密码的管理。

11.5.2　HashMap 管理网络名和密码

【例 11.5】　HashMap 实例。

```java
import java.util.*;
public class HashMapExample{
    public static void main(String args[]){
        Map<String,String>users=new HashMap<String,String>();
        users.put("Marry","monkey");           //向 Map 中添加映射对
        users.put("Jenny","network");
        users.put("Sussan","network");

        System.out.println("Number of items in Map: "+users.size());
        System.out.println(users);
        //检测用户名是否已经被占用,如果使用则删除旧的再添加
        if(users.containsKey("Tommy"))
        users.remove("Tommy");                 //删除给出键值的映射
        users.put("Tommy","banner");
        System.out.println("**********************");
        System.out.println("Number of items in Map: "+users.size());
        System.out.println(users);
    }
}
```

运行结果：

```
Number of items in Map: 3
{Marry=monkey, Jenny=network, Sussan=network}
**********************
Number of items in Map: 4
{Tommy=banner, Marry=monkey, Jenny=network, Sussan=network}
```

程序分析：在定义 Map 接口的对象时使用了以下语句：

```java
Map<String,String>  users =new HashMap<String,String>();
```

聚集类的类型定义为 Map 接口，但使用<String，String> 明确了 Key 和 value 的数据类型，这种方式称为泛型机制。程序中向 Map 添加数据采用 put 方法，添加时提供

成对的两个参数,分别代表 key 和 value。如:

```
users.put("Marry","monkey");
```

判断 Map 中是否已有某个关键字时使用 containsKey()方法。该方法接收一个对象,如果该对象是 Map 中的一个关键字,则返回 true。例如:

```
users.containsKey("Tommy")
```

输出集合内元素时使用的语句是:

```
System.out.println(users);
```

输出时,元素显示的顺序不取决于它们被加入的顺序,而是取决于在内部的存储顺序。Map 接口也提供了 size 和 isEmpty 方法,与 Set 和 List 中的使用方式相同。

聚集类框架使用小结

Collection 是集合接口,有 Set 和 List 子接口。Set 子接口无序,不允许重复。List 子接口有序,可以有重复元素。Set 和 List 对比如下:

- Set 接口:检索元素效率低下,删除和插入效率高,插入和删除不会引起元素位置改变。HashSet 子类以哈希表的形式存放元素,插入和删除速度很快。
- List 接口:和数组类似,List 可以动态增长,查找元素效率高,插入和删除元素效率低,因为会引起其他元素位置改变。List 接口的子类 ArrayList 是动态数组。LinkedList 可以表示链表、队列、堆栈。

Map 接口是键映射到值的关系。一个映射不能包含重复的键,每个键最多只能映射一个值。某些映射可以保证元素顺序,如 TreeMap 类;某些映射实现不保证元素顺序,如 HashMap 类。

11.6 泛　　型

在 J2SDK 1.5 版以前对数据类型都没有检验机制,数据类型强制转换时存在安全隐患。J2SDK 1.5 版提供了泛型。例 11.6 是未用泛型的 Hashtable 类应用实例。

【例 11.6】 未使用泛型实例。

```java
import java.util.Hashtable;
public class HashtableExample{
    public static void main(String args[]){
        Hashtable h=new Hashtable();
        h.put(new Integer(0),"value");
        String s=(String)h.get(new Integer(0));
        System.out.println(s);
    }
}
```

编译时出现警告：使用了未经检查或不安全的操作。原因在于向 Hashtable 存入对象原则上允许任何对象类型，在取出时必须进行强制类型转换，程序中语句为：

```
String s=(String)h.get(new Integer(0));
```

数据类型的强制转换会存在类安全隐患。将实例改写为泛型处理，如例 11.7 所示。

【例 11.7】 泛型实例。

```
import java.util.Hashtable;
public class HashtableExample{
    public static void main(String args[]){
        Hashtable<Integer,String>h=new Hashtable<Integer,String>();
        h.put(0,"value");
        String s=h.get(0);
        System.out.println(s);
    }
}
```

程序编译运行时都没有报警告，并且使用时不需要类型转换。

泛型定义

泛型是创建以类作为参数的类。泛型类应用程序的参数用尖括号（<>）括起来。泛型的本质是参数化类型，即所操作的数据类型被定义为参数。这种参数可以用在类、接口和方法的创建中。使用泛型要注意如下几点：

定义泛型类的时候在"< >"之间是形式类型参数，如 Hashtable<Integer,String> myTable。"< >"内不能使用数值，而是表数据类型。

实例化泛型对象时，也要在类名后面指定参数的类型。例如：

```
Hashtable <Integer,String>  myTable =new Hashtable <Integer, String>();
```

泛型中<key extends Object>表示参数必须是 Object 类型，不可以是简单类型。类型参数可以有多个。

11.7 集合类实例: 书籍管理

前面的例子中多数使用 Java 预定义的类，如 String、Integer 类作为集合类的对象。实际上，任何类的对象都可以用于集合类。本节举例说明创建自定义类的集合。

考虑存储书籍集合的应用程序。图 11.2 给出了 Book 类的 UML 类图。

Book 类包含的属性有 ISBN 编号、作者信息和标题。方法中有带三个参数的构造方法，获取三个属性的

Book
- isbn:String - author:String - title:String
+ Book(String,String,String) + getISBN():String + getAuthor():String + getTitle():String + toString():String

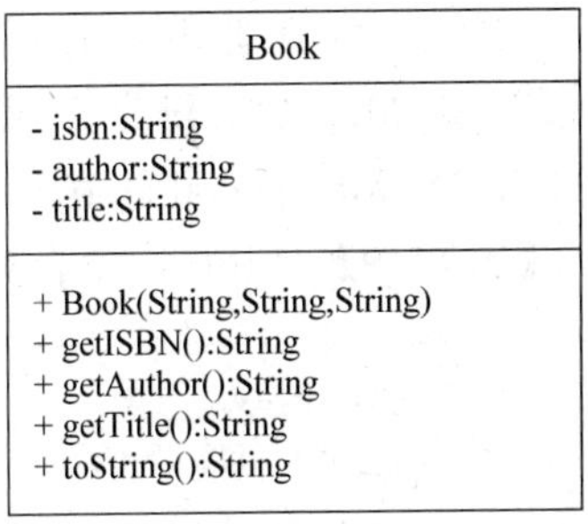

图 11.2 Book 类的 UML 类图

方法，以及用于显示信息的 toString 方法。toString 方法是从 Object 类中继承的，重写了 toString 方法。

【例 11.8】 Book 类。

```java
//Book.java
public class Book{
    private String isbn;
    private String title;
    private String author;

    public Book(String isbnIn,String titleIn,String authorIn){
        isbn=isbnIn;
        title=titleIn;
        author=authorIn;
    }
    public String getISBN(){
        return isbn;
    }
    public String getTitle(){
        return title;
    }
    public String getAuthor(){
        return author;
    }
    public String toString(){
        return "(" +isbn +"," +author+", " +title +")\n";
    }
}
```

Book 类的对象可以存储在任意 Java 集合类中。使用哪个集合类更好呢？书籍集合不需要排序，因此没有必要使用列表。由于每一本书都有唯一的 ISBN 编号，因此最好使用 Map 类型，并将 ISBN 作为关键字，将 Book 对象作为 Map 的值。

使用 Map 类型开发图书馆类（Library），Library 类记录了图书馆的所有书籍。图 11.3 给出了 Library 类的 UML 设计。

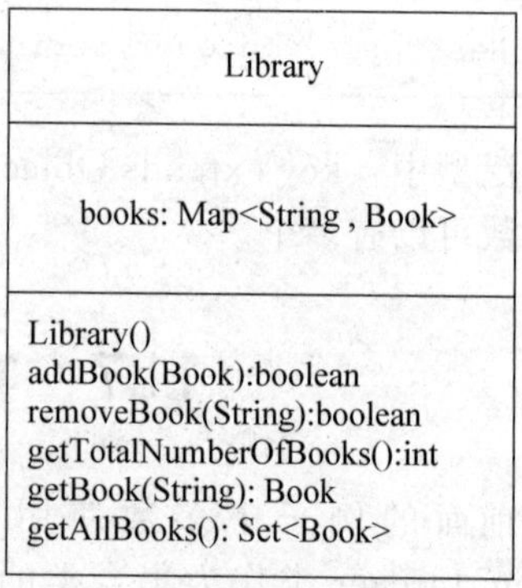

Library 集合类中只有一个属性 books，它是 Map 类型，Map 的关键字声明为 String 对象，表示属性 ISBN；Map 的 value 值声明为 Book 对象。

Library
books: Map<String , Book>
Library() addBook(Book):boolean removeBook(String):boolean getTotalNumberOfBooks():int getBook(String): Book getAllBooks(): Set<Book>

图 11.3 Library 类的 UML 设计图

【例 11.9】 Library 集合类。

```java
//Library.java
import java.util.*;
```

```java
public class Library{
    Map<String,Book>books;

    public Library(){
        books=new HashMap<String,Book>();
    }

public boolean addBook(Book bookIn){
    String keyIn=bookIn.getISBN();
    if(books.containsKey(keyIn))
        return false;
    else{
        books.put(keyIn,bookIn);
        return true;
        }
    }

public boolean removeBook(String isbnIn){
    if(books.remove(isbnIn)!=null)
        return true;
    else
        return false;
    }

public int getTotalNumberOfBooks(){
    return books.size();
}

public Book getBook(String isbnIn){
    return books.get(isbnIn);
}

public Set<Book>getAllBooks(){
    Set<Book>bookSet=new HashSet<Book>();
    Set<String>thekeys=books.keySet();
    for(String isbn: thekeys){
        Book theBook=books.get(isbn);
        bookSet.add(theBook);
    }
    return bookSet;
    }
}
```

  Library 类中大部分代码容易理解，这里重点介绍 getAllBooks 方法。该方法返回书籍的集合，或者返回 Map。但是方法返回对象的集合将会更加合适，因为集合比图更易于查找。由于没有重复的书，这里使用 Set 集合。

  在 Map 集合中没有方法可以返回图中所有数值构成的集合，需要在方法中创建一个集合对象。

```
Set<Book>bookSet=new HashSet<Book>();
```

集合初始时为空,需要填充 Book 对象。使用 keySet 方法访问数值,获得所有关键字集合。

```
Set<String>thekeys=books.keySet();
```

使用增强的 for 循环遍历所有 ISBN 属性。通过 ISBN 编号调用图中的 get 方法,获得相应的 Book 对象,之后 Book 对象被加入到书籍集合中。在循环结束后,书籍集合已经创建完毕,将它作为返回值。

例 11.10 为测试类,调用 Book 和 Library 类,测试方法。

【例 11.10】 Library 测试类。

```java
import java.util.*;
public class TestBook{
    public static void main(String args[]){
      Library myLibrary=new Library();

      Book book1=new Book("978-1-283","Java","JD");
      Book book2=new Book("925-6-257","Database","MQ");
      Book book3=new Book("421-8-925","NetWork","SU");

      if (myLibrary.addBook(book1))
        System.out.println("添加成功");
      else
        System.out.println("添加失败");

      if (myLibrary.addBook(book2))
        System.out.println("添加成功");
      else
        System.out.println("添加失败");

      if (myLibrary.addBook(book3))
        System.out.println("添加成功");
      else
        System.out.println("添加失败");

      System.out.print(myLibrary.getBook("978-1-283"));
      System.out.println("Total Number is:"+myLibrary.getTotalNumberOfBooks());

      Set<Book>myAllBooks;
      myAllBooks=myLibrary.getAllBooks();

      System.out.print(myAllBooks);
    }
}
```

运行结果：

```
添加成功
添加成功
添加成功
<978-1-283,JD, Java>
Total Number is:3
<978-1-283,JD,Java>,<421-8-925,SU,NetWork>,<925-6-257,MQ,Database>
```

习 题 11

(1) 指出下列集合类的不同之处：List 类、Set 类、Map 类。

(2) 什么时候适合使用 LinkedList 而不用 ArrayList？

(3) 考虑如下代码：

```
Map<String,Student>  javaStudents =new  HashMap<String,Student>();
```

① 为什么将对象的类型声明为 Map 类型，而不是 HashMap 类型？

② 尖括号中的内容有什么作用？

③ 假定上面的语句已经创建了 javaStudents 对象，为什么下面这行代码会导致编译错误？

```
javaStudents.put("C123","Fadi");
```

(4) 请描述 Map 的数据结构。

编 程 练 习

(1) 在第 6 章中介绍了 BankAccount 类，以及存储银行账户的聚集类 Bank。Bank 类是用数组实现的。

① Java 中哪种集合类更适合代替数组实现 Bank 类？

② 修改 BankAccount 类，使该类适用于问题①确定的方案。

③ 重写 Bank 类，使用集合类而不是数组实现。

④ 编写测试程序。

(2) 以医院排队叫号就诊为业务背景，训练 Java 列表对象(List)的应用场景。患者取号排队，等待叫号。叫号器负责叫号，叫号后移除排队的队首患者，并显示其他候诊人。

创建排队叫号器业务类(QueueCaller)，私有属性有患者排队列表(ArrayList<String> queue)；

方法有：

① 无参的构造方法。构造方法内实例化患者排队列表（Queue）。

② 获取患者数量的方法 int size()。该方法的功能是从排队队列 queue 中获取有效长度。

③ 取号的方法 void fetchNumber(String patientName)。本方法将就诊患者加入到排队队列中；并输出患者排队就诊信息，信息内容：

患者姓名 +"前面还有 " +排队人数+" 位在等候就诊。"

④ 显示候诊患者信息的方法 void showPatients()。该方法获取排队的所有患者姓名；并输出每位患者的姓名，信息内容：

患者姓名 +　 " 候诊中"。

⑤ 叫号方法 void callNumber()。该方法的功能是从排队队列中返回队首患者姓名；移除队首患者（表示该患者已经就诊，不在排队队列中）；输出被叫号的患者信息，信息内容：

"请患者："+患者姓名+" 到诊室就诊！"。

创建主类（MainClass）模拟叫号就诊情况。创建 main 方法，在方法内完成以下任务：创建一个排队叫号器（QueueCaller）对象；向叫号器对象存入三个患者姓名；循环叫号直到没有就诊患者为止；每次叫号后均需显示正在排队的患者信息。

第12章

输入输出流及文件处理

　　程序中经常会遇到数据输入输出,实际上是对数据源进行读和写的操作。Java 中输入输出包括字节流、字符流、文件流、对象流以及多线程之间通信的管道流。本章将讨论这些内容。

　　在 System 类中提供有标准输入 System. in、标准输出 System. out 和错误输出流 System. err。main 方法被执行时就自动生成上述三个对象。输入输出在计算机系统中主要是具有从数据源(文件、内存、键盘等)顺序读出数据;程序向输出设备写出数据结果的双重作用。它是以中央处理器为一端,以网络及外部设备为另一端的双向数据传输机制。常用的外部设备有键盘、显示器、硬盘、扫描仪、网络等。凡是从外部设备流向中央处理器的数据流称为输入流(Input Stream),反之则称为输出流(Output Stream),如图 12.1 所示。

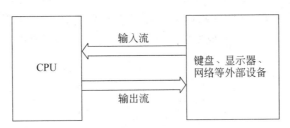

图 12.1　计算机数据的 I/O 方向

12.1　I/O 流

　　Java 中所有的 I/O 都是通过流来实现的,可以将流理解为连接到数据目标或源的管道,可以通过流读取或写入数据。根据流的方向分为两类:输入流和输出流。用户从输入流读取信息,向输出流写信息。根据流处理数据类型的不同也可以分为字节流和字符流。

　　Java 中 I/O 流由 java. io 包封装,其中的类大致可以分为输入和输出两大部分。根据数据类型的不同,流又分为字节(Byte)流(InputStream 类和 OutputStream 类),一次读写 8 位二进制数;字符(Character)流(Reader 类和 Writer 类),一次读写 16 位二进制数。Java. io 包的类的关系如图 12.2 所示。

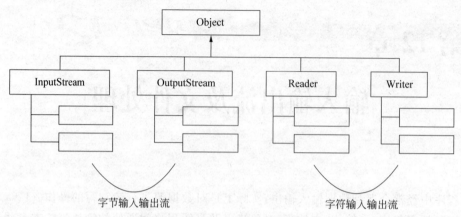

图 12.2　输入输出类的不同层次

java. io 包中类的详细信息请查阅 API 手册。包中最为重要的字节流类：InputStream
类、OutputStream 类和字符流类：Reader 类、Writer 类都是抽象类，派生出了多个子类，用于
不同情况的输入和输出操作。

12.2　字　节　流

字节流是以 8 位为单位的读和写。所有的字节输入流都继承了 InputStream 抽象
类，字节输出流都继承了 OutputStream 抽象类。这两个类定义了最基本的输入和输出
功能。由于都是抽象类，不能完成实际操作。应用时根据需要选择子类生成对象。它们
的常用子类如图 12.3 和图 12.4 所示。

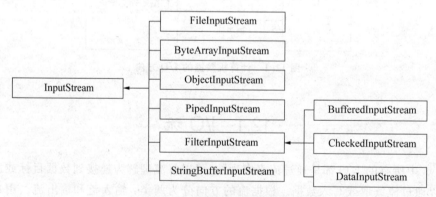

图 12.3　字节输入流类关系图

12.2.1　InputStream 类常用方法

输入数据流只能读不能写，用于向计算机输入信息。从数据流中读取数据时需要有
数据源与数据流相连。InputStream 类的常用方法如下：

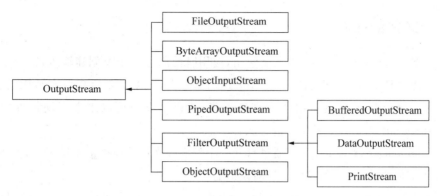

图 12.4　字节输出流类关系图

- void mark(int readlimit)：在输入流中标记当前的位置。
- boolean markSupported()：测试输入流是否支持 mark 和 reset 方法。
- abstract int read()：从输入流中读取数据的下一个字节。
- int read(byte[] b)：从输入流中读取一定数量的字节，并存储在缓冲区数组 b 中。
- int read(byte[] b, int off, int len)：将输入流中最多 len 个数据字节读入 byte 数组。
- void reset()：将流重新定位到最后一次对此输入流调用 mark 方法时的位置。
- long skip(long n)：跳过和丢弃输入流中的 n 个字节。
- int available()：返回输入流被调用时可以读取（或跳过）的字节数。
- void close()：关闭此输入流并释放与流关联的所有系统资源。

read()方法是最重要的方法，它从输入流中读取 8 位的二进制数据，形成 0～255 之间的整数返回。这是一个抽象方法，需要在子类中实现。当输入流读取结束时会得到 −1，标志数据流的结束。

12.2.2　OutputStream 类常用方法

字节输出流只能写不能读，用于从计算机中输出数据。与输入流类似，Java. io 包中的所有输入数据流大都从抽象类 OutputStream 继承而来，并且实现了所有的抽象方法，这些方法提供了数据输出的支持。输出数据流中提供的主要方法如下：

- void close()：关闭输出流并释放与此流有关的所有系统资源。
- void flush()：刷新此输出流并强制写出所有缓冲的输出字节。
- void write(byte[] b)：将 b. length 个字节从指定的 byte 数组写入输出流。
- void write(byte[] b, int off, int len)：将指定 byte 数组中从偏移量 off 开始的 len 个字节写入输出流。
- abstract void write(int b)：将指定的字节写入输出流。

12.2.3　文件数据流

InputStream 是抽象类,不能直接使用,应用时使用它的子类创建输入流对象。如果要处理的数据是文件,通常会使用 FileInputStream 类,该类主要负责对本地磁盘文件的顺序读入。由于 Java 将设备也作为文件处理,所以该类也可以用来实现标准的输入。FileInputStream 类提供了多个构造方法:

- FileInputStream(File file):通过打开一个到实际文件的连接来创建 FileInputStream,该文件通过文件系统中的 File 对象指定。
- FileInputStream(FileDescriptor fdObj):通过使用文件描述符 fdObj 创建 FileInputStream。
- FileInputStream(String name):通过文件系统中的路径名 name 打开文件,并创建文件输入流。

FileOutputStram 类是 OutputStram 的直接子类,该类主要负责对本地磁盘文件的顺序输出工作。该类继承了 OutputStram 的所有方法,并且实现了其中的 write()方法,提供了多个构造方法。

- FileOutputStream(File file):文件输出流,是一个指定 File 对象,向文件写入数据。
- FileOutputStream(File file, boolean append):文件输出流,以追加的形式向文件写入。
- FileOutputStream(FileDescriptor fdObj):一个向指定文件描述符处写入数据的输出文件流。
- FileOutputStream(String name):一个向具有指定名称的文件中写入数据的输出文件流。
- FileOutputStream(String name, boolean append):向指定名称的文件中写入数据的输出文件流。

从文件读信息,对程序而言是输入,因此需要创建一个与文件关联的输入流,建立信息输入通道。如果向文件写信息,对程序而言是输出,因此需要建立一个与文件关联的输出流。这种建立流的动作被形象地称为打开文件。文件打开后就可以进行读写操作。读写结束,程序需要切断与文件的联系,撤销相关流,即关闭流文件。对文件的操作实际上就是对流的操作。

12.2.4　实例: 输入信息保存到文件

将用户从键盘输入的字符保存到文件中。输入通过键盘获取,保存的文件是输出对象。

【例 12.1】　从键盘读入一行字符,写到文件 D:\temp\aa.txt 中。

```
//MyFileOutput.java
import java.io.*;
class MyFileOutput {
    public static void main(String args[]){
        FileInputStream fin;
        FileOutputStream fout;
        int ch;                          //声明一个整数变量用来读入用户输入字符
        try{
        //以标准输入设备为输入文件
        fin=new FileInputStream(FileDescriptor.in);
        //以 D:\temp\aa.txt 为输出文件
        fout=new FileOutputStream("D:\\temp\\aa.txt");
        System.out.println("Please input a line of characters:");
        while((ch=fin.read()) !='\r')     //反复读输入流,直到输入回车符为止
            fout.write(ch);
            fin.close();                  //关闭输入和输出流
            fout.close();
            System.out.println("Success!");
                }
        catch(FileNotFoundException e){
            System.out.println("can not create a file.");
                }
        catch(IOException e){
            System.out.println("error in input stream");
                }
        }
    }
```

运行结果:

```
Please input a line of characters:
Tomorrow is a sunny day...I love spring.
Success!
```

　　程序的流程很清晰。fin.read()方法每次从键盘读入一个字符,fout.write(ch)方法每次向文件写入一个字符。FileDescriptor.in 表示系统的标准输入设备。另外,还需注意以下问题:

　　(1)建立文件输入和输出流一定要处理异常。因为无论是输入还是输出,都有可能读写文件错误。

　　(2)I/O 处理完毕需要关闭输入和输出流,否则会造成资源无法释放,文件也可能写入不成功。

　　(3)读入的字符变量 ch 是 int 类型,而不是 char 类型。因为 Java 文件流不区分纯文本文件和二进制文件,char 类型系统默认为无符号数,用 int 类型会更准确。

　　运行程序时,用户输入直到输入回车,表示输入完成。输入内容保存在程序指定地址 D:\temp\aa.txt 中。

12.2.5　读取并显示文件

例 12.3 讨论将文件的内容显示在屏幕上。文件对程序而言是输入,而屏幕是输出。

【例 12.2】　显示文件内容。

```java
//TypeFile.java
import java.io.*;
class TypeFile{
    public static void main(String[] args){
        FileInputStream fin;
        FileOutputStream fout;
        int ch;       //声明一个整数变量用来读入用户输入字符
        try{
            fin=new FileInputStream("D:\\temp\\MyFileOutput.java");
            fout=new FileOutputStream(FileDescriptor.out);
            while((ch=fin.read())!=-1)
                fout.write(ch);
            fin.close();
            fout.close();
            }
        catch(FileNotFoundException e){
            System.out.println("can not create a file.");
            }
        catch(IOException e){
            System.out.println("error in input stream");
            }
            }
        }
```

运行结果如图 12.5 所示。

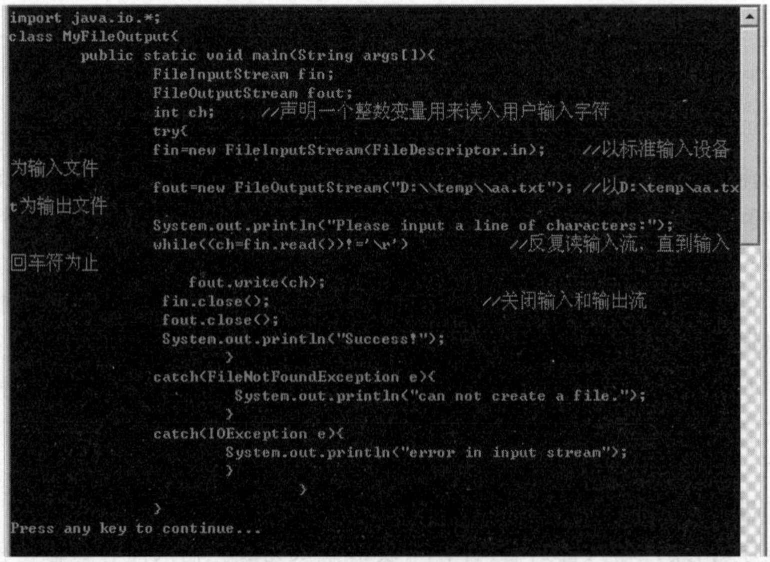

图 12.5　例 12.2 的运行结果

12.2.6　文件复制

实现类似 DOS 的 copy 命令。程序中处理两个文件,一个是源文件,作为输入文件;一个是目的文件,作为输出文件。两个文件名由用户指定,通过 main 方法的 args[0]、args[1]参数。

【例 12.3】　文件的复制。

```java
//CopyFile.java
import java.io.*;
class CopyFile{
    public static void main(String[] args){
        FileInputStream fin;
        FileOutputStream fout;
        int ch;
        if(args.length !=2){
        System.out.println("参数格式不对,请输入源文件名,目标文件名:");
          return;
            }
        try{
        fin=new FileInputStream(args[0]);
        fout=new FileOutputStream(args[1]);
        while((ch=fin.read()) !=-1    )
          fout.write(ch);
          fin.close();
          fout.close();
          System.out.println("File copy scuessed.");
        }
        catch(FileNotFoundException e){
            System.out.println("can not create a file.");
            }
        catch(IOException e){
            System.out.println("error in input stream");
            }
        }
    }
```

程序使用输入流读取源文件,信息通过输出流写入目标文件。两个文件的文件名由用户指定。程序运行时,使用如下命令就实现了文件的复制:

```
java CopyFile 源文件名 目的文件名
```

这里源文件和目的文件需与 CopyFile 文件在同一目录下。

12.3 字 符 流

从 JDK1.1 开始，Java.io 包中加入了字符流处理类，它们是以 Reader 和 Writer 为基础派生的一系列类。Reader 和 Writer 类提供了不同平台之间数据转换功能。同其他程序设计语言使用 ASCII 字符集不同，Java 使用 Unicode 表示字符串和字符。ASCII 字符集是以一个字节（8 位）来表示一个字符，所以可以认为一个字符就是一个字节。但 Java 使用的 Unicode 要用两个字节（16 位）表示一个字符，这时字节与字符就不一样了。为了实现与其他程序语言及不同平台之间交互，Java 提供 16 位的数据流处理方案。

同 InputStream 类和 OutputStream 类一样，Reader 和 Writer 也是抽象类，只提供了一系列用于字符流处理的接口。派生出的子类用于不同情况下字符数据的输入和输出，具体派生类如图 12.6 和图 12.7 所示。其中，InputStreamReader 和 OutputStreamWriter 是从字节流到字符流转换的桥梁。前者从输入字节流中读字符，按照指定或者默认的字符集转换为字符。后者将字符数据转换成字节数据写到输出流。

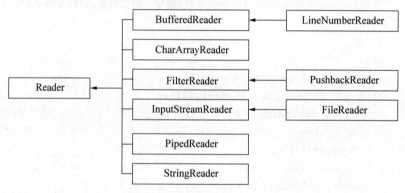

图 12.6 字符输入流类关系图

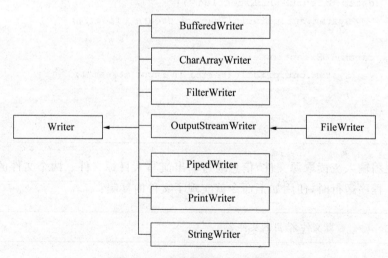

图 12.7 字符输出流类关系图

12.3.1 InputStreamReader 和 OutputStreamWriter

InputStreamReader 类的方法主要有：
- void close()：关闭流并释放与之关联的所有资源。
- String getEncoding()：返回流使用的字符编码名称。
- int read()：读取单个字符。
- int read(char[] cbuf, int offset, int length)：读数组中的某部分。
- boolean ready()：判断流是否准备就绪。

OutputStreamWriter 提供的方法主要有：
- void close()：关闭流。
- void flush()：刷新流的缓冲。
- String getEncoding()：返回流的字符编码名称。
- void write(char[] cbuf, int off, int len)：写入字符数组的某一部分。
- void write(int c)：写入单个字符。
- void write(String str, int off, int len)：写入字符串的某一部分。

InputStreamReader 和 OutputStreamWriter 的方法与 InputStream 和 OutputStream 的方法类似，区别在于字符流以字符为单位处理数据，处理效率比用字节流高。

12.3.2 字符流实例

格式转换以较大的数据块为单位，效率会提高。为此，java.io 提供了缓冲流 BufferedReader 和 BufferedWriter。缓冲流除了基本 read()方法和 write()方法外，还有整行字符处理方法：
- String readLine()：BufferedReader 方法，从输入流中读取一行。行结束标志为"\n"、"\r"或两者一起。
- void newLine()：BufferedWriter 方法，向输出流中写入一个行分隔符。

BufferedWriter 中使用 flush()方法强制清空缓冲区中的剩余内容，防止遗漏。

【例 12.4】 缓冲流实例。

```java
import java.io.*;
public class FileToUnicode{
    public static void main(String args[]) {
        String s;
        InputStreamReader ir;
        BufferedReader in;
        try{
            ir = new InputStreamReader(System.in);
        in = new BufferedReader(ir);
        while (!(s = in.readLine()).equals("exit")){
            System.out.println("Read: "+s);
```

```
        }
        }
    catch(IOException e){
        e.printStackTrace();
        }
    }
}
```

运行结果：

```
Good morning
Read:good morning
have a nice weekend
Read: have a nice weekend
exit
```

　　实例使用了标准输入流 System. in 作为读取键盘输入，使用缓冲区 BufferedReader 对象一次读批量内容。BufferedReader 的构造方法是：

```
BufferedReader(Reader in)
```

创建默认大小的缓冲字符输入流。
构造方法有 Reader 对象，需要把标准输入流包装为 Reader 对象：

```
InputStreamReader  ir =new InputStreamReader(System.in);
```

然后将 Reader 对象 ir，作为参数传入：

```
BufferedReader  in =new BufferedReader(ir);
```

使用缓冲区输入流，读取效率较高。

12.4　文件输入输出

　　File 类是 I/O 包中唯一代表磁盘文件的对象，File 类定义了一些与平台无关的方法。通过调用 File 类的各种方法，能够实现创建、删除、重命名文件等操作。

12.4.1　文件基本操作

　　在 Java 中目录是文件管理的内容之一，例如可以用 list 方法列出目录中的文件名。例 12.5 演示了 File 类的用法。
　　【例 12.5】　输出文件属性。

```
import java.util.*;
import java.io.*;

public class FileTest {
    public static void main(String args[]) {
        try {
            //创建一个表示不存在子目录的 File 对象
            File fp = new File("MyFile");
            //创建该目录
            fp.mkdir();
            //创建一个描述 MyFile 目录下文件的 File 对象
            File fc = new File(fp, "ChildFile.txt");
            //测试文件是否存在,如果存在就删除
            if(fc.exists())
                fc.delete();
            else
            //不存在时创建该文件
                fc.createNewFile();
            //创建输出流
            FileWriter fo = new FileWriter(fc);
            BufferedWriter bw = new BufferedWriter(fo);
            PrintWriter pw = new PrintWriter(bw);
            //向文件中写入 5 行文本
            for (int i = 0; i < 5; i++) {
                pw.println("[" + i + "]Hello World!!! 你好,本文件由程序创建!!!");
            }
            //关闭输出流
            pw.close();
            //打印提示信息
            System.out.println("恭喜你,目录以及文件成功建立,数据成功写入!!!");
            //获取文件名
            System.out.println("File name: " + fc.getName());
            //获取路径
            System.out.println("File path: " + fc.getPath());
            //获取绝对路径
            System.out.println("Absolute path: " + fc.getAbsolutePath());
            //获取上级路径
            System.out.println("Parent: " + fc.getParent());
            //文件是否可写
            System.out.println("Can Write?   " + fc.canWrite());
            //文件是否可读
            System.out.println("is readable? : " + fc.canRead());
            //文件长度
            System.out.println("File Size: " + fc.length());
        } catch (Exception e) {
            e.printStackTrace();
        }
    }
}
```

运行结果:

在当前目录下创建了 `MyFile` 文件夹,在该文件夹下创建了 `ChildFile.txt` 文件。
并向 `ChildFile.txt` 文件内输入了 5 行"Hello World!!! 你好,本文件由程序创建!!!"
恭喜你,目录以及文件成功建立,数据成功写入!!!
File name: ChildFile.txt
File path: MyFile\ChildFile.txt
Absolute path: D:\javawork\project1\MyFile\ChildFile.txt
Parent: MyFile
Can Write?　true
is readable? : true
File Size: 240

实例演示了文件的基本操作,包括创建文件、删除文件、获取文件路径、文件名称、文件大小等。File 类提供了很多关于文件的操作,读者不需要死记硬背,需要时查看 JDK 文档。

12.4.2　文件随机读写

RandomAccessFile 类是 Java 中功能最丰富的文件访问类,它支持随机读写文件。"随机访问"方式在处理时可以跳转到文件的任意位置读写数据。使用 RandomAccessFile 类除了可以读写文件中任意位置的字节外,还可以读写文本和 Java 的基本数据类型。例 12.6 将介绍写入并读取文件中不同类型的数据。

【例 12.6】　随机访问流读写数据。

```java
import java.io.IOException;
import java.io.RandomAccessFile;
public class RandomAccessFileExample {
    public static void main(String args[])  {
    try{
     //创建 RandomAccessFile 类的对象
     RandomAccessFile raf =new RandomAccessFile("random.txt", "rw");
     raf.writeBoolean(true);         //将文件设置为可写
     raf.writeInt(168168);           //写入整数
     raf.writeChar('i');             //写入字符
     raf.writeDouble(168.168);       //写入小数
     raf.seek(1);
     System.out.println(raf.readInt());
     System.out.println(raf.readChar());
     System.out.println(raf.readDouble());
     raf.seek(0);
     System.out.println(raf.readBoolean());
     raf.close();
     }
    catch (Exception e) {
         e.printStackTrace();
     }
    }.
}
```

运行结果：

```
168168
i
168.168
true
```

实例中 seek()方法的定义是 void seek(long pos)。该方法将文件记录指针定位到 pos 位置。seek(0)是从文档头开始读写。seek(1)设置文件指针偏移量是 1，从第二个位置开始读写操作。

12.5　对象序列化

序列化（Serialization)是指将对象的状态信息转换为可以存储或传输的形式的过程。在序列化期间，对象将其当前状态写入到临时或持久性存储区。以后，可以通过从存储区中读取或反序列化对象的状态，重新创建该对象。对于一个存在 Java 虚拟机中的对象来说，其内部的状态只是保存在内存中。JVM 退出之后，内存资源被释放，Java 对象的内部状态也就丢失了。但在很多情况下，对象内部状态是需要被持久化的，将运行中的对象状态保存下来(文件、数据库)，即使是在 Java 虚拟机退出的情况下，在需要的时候也可以还原。

对象序列化机制是 Java 内建的一种对象持久化方式，可以很容易实现在 JVM 中的活动对象与字节数组(流)之间进行转换，使得 Java 对象可以被存储，被网络传输，在网络的一端将对象序列化成字节流，经过网络传输到网络的另一端，可以从字节流重新还原为 Java 虚拟机中的运行状态对象。

12.5.1　存储对象

对象序列化机制允许将对象通过网络进行传播，并可以随时把对象储存到数据库、文件等系统里。Java 的序列化机制是 RMI、EJB、JNNI 等技术的基础。

对于任何需要被序列化的对象，都必须要实现接口 Serializable。Serializable 只是一个标识接口，本身没有任何成员，只是用来标识说明当前实现类的对象可以被序列化。

一般程序中创建的对象随程序的终止而消失。但有时候希望把对象完整地保留下来，以后再次使用。比如第 6 章学习过的汽车类 Car 对象。

```
public class Car{
String brand;
  String color;
  int  no;
    ⋮
 }
```

希望把这个类的实例保存在本地硬盘上,供以后使用,或者保存在网络上的远程机器上。Java 中通过对象的序列化来实现。序列化是指对象通过把自己转化为一系列字节,记录字节的状态数据,以便再次利用。

12.5.2 Car 对象序列化实例

要实现对象序列化,必须实现 java. io. Serializable 的接口。Serializable 接口没有定义任何方法,只是一个特殊的标记,用来告诉 Java 编译器这个对象参加了序列化协议,可以把它序列化。类实现 Serializable 接口时不需要实现任何接口方法。例 12.7 是 Car 对象的序列化过程。

【例 12.7】 Car 对象的序列化。

```
import java.io.Serializable;
public class Car implements Serializable{
  String brand;
  String color;
  int  no;

  Car(String brandIn,String colorIn,int noIn){
    brand=brandIn;
    color=colorIn;
    no=noIn;
  }
  public  String toString (){
        return new String("brand="+brand +", color=" +color +", no=" +no);
  }
}
```

Car 对象序列化后,可以用流来存储或读取对象。实例中先将对象存入到本地文件 test. txt 中。如果打开文件看,会发现是乱码,因为文件中的内容是序列化后对象的字节表示。读对象时使用 readObject(),将文件内容以对象形式读出。为保证读出的对象是 Car 类型,需要进行强制类型转换:

```
(Car) os.readObject();
```

得到 Car 对象后,调用对象属性、方法等操作均可以完成。

12.5.3 存储和读取序列化对象信息

【例 12.8】 存储和读取序列化对象信息。

```
import java.io. * ;
import java.util. * ;
public class SeriSample{
```

```
    public static void main(String args[]){
        Car car1=new Car("Audo","red", 352);
      try {
        FileOutputStream fos =new FileOutputStream("d://test.txt");
        ObjectOutputStream os =new ObjectOutputStream(fos);
        os.writeObject(car1);
        os.close();
        }
        catch (Exception e) {
            System.out.println(e);
        }
        FileInputStream fis =null;
        car1 =null;
        try {
            try {
                fis =new FileInputStream("d://test.txt");
            } catch (FileNotFoundException e) {
                e.printStackTrace();
            }
            ObjectInputStream os =new ObjectInputStream(fis);
            //强制类型转换
            car1 = (Car) os.readObject();
            os.close();
        } catch (ClassNotFoundException e) {
            System.out.println(e);
            System.exit(-2);
        } catch (IOException e) {

            e.printStackTrace();
        }
        System.out.println("brand:\t" +car1.brand);
        System.out.println("color:\t" +car1.color);
        System.out.println("no:\t" +car1.no);
        System.out.println("Car.toString(): " +car1);
    }
}
brand: Audo
color: red
no: 352
Car.toString():brand=Audo, color=red, no=352
```

　　如果 Serializable 类的一个属性是另一个类的对象,那么该类也必须实现 Serializable 接口。上例中 Car 类的属性是 String 类的对象,幸运的是 String 类已经实现了 Serializable 接口,所以没有出错。

12.6 正则表达式

众所周知,在程序开发中难免会遇到需要匹配、查找、替换、判断字符串的情况发生,而这些情况有时又比较复杂,如果用纯编码方式解决,往往会浪费程序员的时间及精力。因此,学习及使用正则表达式便成了解决这一矛盾的主要手段。

正则表达式是一种可以用于模式匹配和替换的规范,一个正则表达式就是由普通的字符(例如字符 a~z)以及特殊字符(元字符)组成的文字模式,用以描述在查找文字主体时待匹配的一个或多个字符串。正则表达式作为一个模板,将某个字符模式与所搜索的字符串进行匹配。JDK 1.4 推出的 java.util.regex 包提供了很好的 Java 正则表达式应用平台。

12.6.1 正则表达式的基本概念

正则表达式定义了字符串的模式,可以用来搜索、编辑或处理文本。正则表达式并不仅限于某一种语言,但是在每种语言中有细微的差别。正则表达式由一些普通字符和元字符组成。普通字符包括大小写的字母和数字,而元字符则具有特殊的含义。在最简单的情况下,一个正则表达式看上去就是一个普通的查找串。例如,正则表达式 testing 中没有包含任何元字符,它可以匹配“testing”和“testing123”等字符串,但是不能匹配“Testing”。要想真正地用好正则表达式,正确地理解元字符是最重要的事情。

正则表达式中的元字符和元符号如表 12.1 所示。

表 12.1 正则表达式中的元字符和元符号

元字符和元符号	
元字符	
元字符/元符号	匹 配 情 况
字符类: 单个字符和数字	
.	匹配除换行符外的任意字符
[a-z0-9]	匹配括号中的字符集中的任意字符
[^a-z0-9]	匹配任意不在括号中的字符集中的字符
\d	匹配数字
\D	匹配非数字,同[^0-9]相同
\w	匹配字母
\W	匹配非字母
字符类: 空白字符	
\0	匹配 null 字符
\b	匹配空格字符

元字符和元符号	
\f	匹配换页字符
\n	匹配换行符
\r	匹配回车字符
\s	匹配空白字符、空格、制表符或换行符
\S	匹配非空白字符
\t	匹配制表符
字符类：锚字符	
^	首行匹配
$	行尾匹配
\A	只匹配字符串开始处
\b	匹配单词边界，词在[ ]内时无效
\B	匹配非单词边界
\G	匹配当前搜索的开始位置
\Z	匹配字符串结束处或行尾
\z	只匹配字符串结束处
字符类：重复字符	
x?	匹配 0 个或一个 x
x *	匹配 0 个或任意多个 x
x+	匹配至少一个 x
(xyz)+	匹配至少一个 xyz 模式
x{m,n}	匹配最少 m 个、最多 n 个 x
字符类：替代字符	
was|were|will	匹配 was 或 were 或 will
字符类：记录字符	
(string)	用于反向引用
\1 或 $1	匹配第一对括号中的内容
\2 或 $2	匹配第二对括号中的内容
\3 或 $3	匹配第三对括号中的内容
JavaScript1.5 中新加入的字符	
(?: x)	匹配 x 但不记录匹配结果。这被称为非捕获括号
x(?=y)	当 x 后接 y 时匹配 x

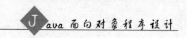

续表

元字符和元符号	
x(?!y)	当 x 后不是 y 时匹配 x
单字符和一位元字符	
[a-z0-9_]	匹配字符集中的任意字符
[^a-z0-9_]	匹配不在字符集中的任意字符

元符号

元符号	匹配内容	对应字符
\d	数字	[0-9]
\D	非数字	[^0-9]
\s	非空白字符(制表符、空格、换行符、回车、换页符、垂直制表符)	
\S	非空白字符	
\w	单词字符	[A-Za-z0-9_]
\W	非单词字符	[^A-Za-z0-9_]

12.6.2 在 Java 中使用正则表达式

java.util.regex 包主要包括 Pattern 类、Matcher 类和 PatternSyntaxException 类。下面介绍这三个类的常用方法,详细内容请参阅 API 文档。

Pattern 对象是一个正则表达式的编译表示。Pattern 类没有公共构造方法。要创建一个 Pattern 对象,必须首先调用其公共静态编译方法,它返回一个 Pattern 对象。该方法接受一个正则表达式作为它的第一个参数。

Pattern 的主要方法如下:

- static Pattern compile(String regex):将给定的正则表达式编译并赋给 Pattern 类。
- static Pattern compile(String regex, int flags):作用同上,但增加 flag 参数的指定,可选的 flag 参数。
- int flags():返回当前 Pattern 的匹配 flag 参数。
- Matcher matcher(CharSequence input):生成一个给定命名的 Matcher 对象。
- static boolean matches(String regex, CharSequence input):编译给定的正则表达式,并且对输入的字符串以该正则表达式为模展开匹配。该方法适合于正则表达式只会使用一次的情况,也就是只进行一次匹配工作,因为这种情况下并不需要生成一个 Matcher 实例。
- String pattern():返回 Patter 对象所编译的正则表达式。
- String[] split(CharSequence input):将目标字符串以 Pattern 中所包含的正则表达式为模进行分割。

- String[] split(CharSequence input, int limit)：作用同上,增加参数 limit 的目的在于要指定分割的段数,如将 limi 设为 2,那么目标字符串将根据正则表达式分割为两段。

一个正则表达式,也就是一串有特定意义的字符,必须首先要编译成为一个 Pattern 类的实例,这个 Pattern 对象将会使用 matcher()方法生成一个 Matcher 实例,接着便可以使用 Matcher 实例以编译的正则表达式为基础对目标字符串进行匹配工作,多个 Matcher 可以共用一个 Pattern 对象。

Matcher 对象是对输入字符串进行解释和匹配操作的引擎。与 Pattern 类一样,Matcher 也没有公共构造方法。需要调用 Pattern 对象的 matcher 方法来获得一个 Matcher 对象。Matcher 类的主要方法如下:

- boolean find()：尝试在目标字符串里查找下一个匹配子串。
- boolean find(int start)：重设 Matcher 对象,并且尝试在目标字符串里从指定的位置开始查找下一个匹配的子串。
- boolean lookingAt()：检测目标字符串是否以匹配的子串起始。
- boolean matches()：尝试对整个目标字符展开匹配检测,也就是只有整个目标字符串完全匹配时才返回真值。
- Pattern pattern()：返回 Matcher 对象的现有匹配模式,也就是对应的 Pattern 对象。
- String replaceAll(String replacement)：将目标字符串里与既有模式相匹配的子串全部替换为指定的字符串。
- PatternSyntaxException 是一个非强制异常类,它指示一个正则表达式模式中的语法错误。

【例 12.9】　使用正则表达式匹配字符串的开头和结束。

```java
import java.util.regex.Matcher;
import java.util.regex.Pattern;
public class TestRegularExpression_01 {
    public static void main(String[] args) {
        //查找以 Java 开头,任意结尾的字符串
        Pattern pattern =Pattern.compile("^Java.* ");
        Matcher matcher =pattern.matcher("Java 不是人");
        boolean b =matcher.matches();
        //当条件满足时将返回 true,否则返回 false
        System.out.println(b);
    }
}
```

运行结果为:

```
true
```

【例 12.10】 使用正则表达式进行多条件字符串分割。

```
import java.util.regex.Pattern;
public class TestRegularExpression_02 {
    public static void main(String[] args) {
        //以多条件分割字符串时
        Pattern pattern =Pattern.compile("[, |]+");
        String[] strs =pattern.split("Java Hello World  Java, Hello,,
                         World | Sun");
        for (int i=0;i<strs.length;i++) {
            System.out.println(strs[i]);
        }
    }
}
```

运行结果为：

```
Java
Hello
World
Java
Hello
World
Sun
```

【例 12.11】 使用正则表达式进行文字替换(首次出现字符)。

```
import java.util.regex.Matcher;
import java.util.regex.Pattern;
public class TestRegularExpression_03 {
    public static void main(String[] args) {
        //文字替换(首次出现字符)
        Pattern pattern =Pattern.compile("正则表达式");
        Matcher matcher =pattern.matcher("正则表达式 Hello World,正则表达式
Hello World");
        //替换第一个符合正则表达式的数据
        System.out.println(matcher.replaceFirst("Java"));
    }
}
```

运行结果为：

```
Java Hello World,正则表达式 Hello World
```

【例 12.12】 使用正则表达式进行文字替换(全部)。

```
import java.util.regex.Matcher;
import java.util.regex.Pattern;
public class TestRegularExpression_04 {
    public static void main(String[] args) {
        //文字替换(全部)
        Pattern pattern =Pattern.compile("正则表达式");
        Matcher matcher =pattern.matcher("正则表达式 Hello World,正则表达式
Hello World");
        //替换第一个符合正则表达式的数据
        System.out.println(matcher.replaceAll("Java"));
    }
}
```

运行结果为：

```
Java Hello World, Java Hello World
```

【例 12.13】　使用正则表达式进行文字替换（置换字符）。

```
import java.util.regex.Matcher;
import java.util.regex.Pattern;
public class TestRegularExpression_05 {
    public static void main(String[] args) {
        //文字替换(置换字符)
        Pattern pattern =Pattern.compile("正则表达式");
        Matcher matcher =pattern.matcher("正则表达式 Hello World,正则表达式
Hello World ");
        StringBuffer sbr =new StringBuffer();
        while (matcher.find()) {
            matcher.appendReplacement(sbr, "Java");
        }
        matcher.appendTail(sbr);
        System.out.println(sbr.toString());
    }
}
```

运行结果为：

```
Java Hello World, Java Hello World
```

【例 12.14】　验证是否为邮箱地址。

```
import java.util.regex.Matcher;
import java.util.regex.Pattern;
public class TestRegularExpression_06 {
    public static void main(String[] args) {
```

```
        //验证是否为邮箱地址
        String str="java@buu.edu.cn";
        Pattern pattern =Pattern.compile ("^([a-zA-Z0-9_\\-\\.]+)@((\\[[0-9]
{1,3}\\.[0-9]{1,3}\\.[0-9]{1,3}\\.)|(([a-zA-Z0-9\\-]+\\.)+))([a-zA-Z]{2,4}
|[0-9]{1,3})(\\]?)$");
        Matcher matcher =pattern.matcher(str);
        System.out.println(matcher.matches());
    }
}
```

运行结果为:

```
true
```

【例 12.15】 去除 HTML 标签。

```
import java.util.regex.Matcher;
import java.util.regex.Pattern;
public class TestRegularExpression_07 {
    public static void main(String[] args) {
        //去除 HTML 标记
        Pattern pattern =Pattern.compile("<.+?>", Pattern.DOTALL);
        Matcher matcher =pattern.matcher("<a href=/\"index.html/\">主页</a>");
        String string =matcher.replaceAll("");
        System.out.println(string);
    }
}
```

运行结果为:

```
主页
```

【例 12.16】 查找条件字符串。

```
import java.util.regex.Matcher;
import java.util.regex.Pattern;
public class TestRegularExpression_08 {
    public static void main(String[] args) {
        //查找 HTML 中对应条件字符串
        Pattern pattern =Pattern.compile("href=/\"(.+?)/\"");
    Matcher matcher =pattern.matcher("<a href=/\"index.html/\">主页</a>");
        if(matcher.find()) {
          System.out.println(matcher.group(1));
        }
    }
}
```

运行结果为：

```
index.html
```

习　题　12

（1）字节数据流与字符数据流有什么不同？

（2）程序中如何获取当前工作目录？

（3）程序中如何判断文件是否存在，是否可读，是否可写？

（4）如何对文件重命名和创建新的路径？

（5）解释 Serializable 接口的作用。

（6）简要说明 String 类中下列方法的作用并给出示例程序：

```
public boolean matches(String regex);
public String replaceFirst(String regex, String replacement);
public String replaceAll(String regex, String replacement);
public String[] split(String regex, int limit);
public String[] split(String regex);
```

编　程　练　习

（1）利用输入输出流及文件类编写一个程序，实现在屏幕显示文本文件的功能。要求显示文本文件的内容、文件名、路径、大小等。

（2）设计一个通讯录，保存用户信息。通讯录中除了包括基本信息外，还要实现简单的检索功能。通讯录写入文件，程序执行时需要从文件导入数据，程序退出后再将数据保存到文件中。第一次执行时新创建一个文件。

（3）理解字节流和字符流的概念。已有. txt 文件，文件中有中文字符。使用 FileInputStream 和 FileReader 分别读取文件，并把内容显示在控制台，比较两者的读取效率。

（4）编写程序，对于给定的字符串，使用正则表达式判断该字符串是否是合法的 IP 地址并输出判断结果。

第13章

多 线 程

Java 语言的一个重要特点就是支持多线程的程序设计。多线程是指在单个的程序体内部可以同时运行多个不同的线程,完成不同的任务。在 Java 程序设计中,多线程的程序设计具有广泛的应用。

本章主要介绍线程的概念、创建线程的方法、线程的生命周期与状态、线程的同步等内容。

13.1 线 程 概 述

13.1.1 线程的概念

线程(Thread)的概念来源于操作系统进程的概念,所以在理解线程之前先来回顾下列概念:程序(Program)是对数据描述与操作的代码的集合,是应用程序执行的脚本。进程(Process)是程序的一次执行过程,是操作系统运行程序的基本单位。程序是静态的,而进程是动态的。

线程是进程中的一个顺序控制流。线程运行需要的资源一般少于进程,因此一般也将线程叫作轻量级进程。比如在 Windows 系统中,java.exe 就是一个进程,但是这个进程中可以运行很多线程。

13.1.2 多线程

单线程的定义很简单,整个程序中只有一个线程。作为单个顺序控制流,线程必须在运行过程中得到自己运行所需要的资源。而多线程则是指单个的程序内可以同时运行多个不同的线程来完成不同的任务。

Java 多线程编程是这样一种机制,它允许在程序中并发执行多个指令流,每个指令流都称为一个线程,彼此间互相独立。

多个线程的执行是并发的,也就是在逻辑上“同时”,而不管是否是物理上的“同时”。如果系统只有一个 CPU,那么真正的“同时”是不可能的。但是由于 CPU 的速度非常快,用户感觉不到其中的区别,因此也不用关心它,只需要设想各个线程是同时执行即可。

Java 多线程和传统的单线程在程序设计上最大的区别在于,由于各个线程的控制流彼此独立,使得各个线程之间的代码是乱序执行的,由此可能带来线程调度、同步等问题,这些问题将在后面几节内容中探讨。

13.2 创 建 线 程

在 Java 中如何创建线程对象呢? 首先还是来看看 Java 语言中实现多线程编程的接口和类。在 java.lang 包中定义了 Runnable 接口和 Thread 类,创建线程对象就用到了它们。

Runnable 接口中只定义了一个方法,它的格式如下:

```
public abstract void run()
```

这个方法必须要由实现了 Runnable 接口的类来实现。Runnable 对象是可运行对象,一个线程的运行就是执行可运行对象的 run()方法。

Thread 类是线程类,它实现了 Runnable 接口,因此 Thread 对象也是可运行对象。

13.2.1 继承 Thread 类

Thread 类位于 java.lang 包中,继承了 java.lang.Object。其构造方法有两种:Thread()和 Thread(Runnable target),其中 Runnable 是接口类。

通过继承 Thread 类创建线程步骤为:

(1) 定义类,继承 Thread。

(2) 重写 Thread 类的 run()方法,run()方法体为线程对应的子任务。

(3) 创建自定义类的对象,调用 start()方法。start()方法有两个作用:启动线程和调用 run()方法。

【例 13.1】 继承 Thread 类创建新线程。

```java
public class TestThread {
    public static void main(String args[]){
        new ThreadClass().start();
        new ThreadClass().start();
        System.out.println("main thread is running");
    }
}
class ThreadClass extends Thread {
    public void run(){
        System.out.println(Thread.currentThread().getName()
            +"  is running");
    }
}
```

由于线程的运行顺序是随机调度的,所以不同的调度会出现不同的结果,本程序运行三次的结果均不一样。

第一次运行的结果:

```
Thread-0 is running
main thread is running
Thread-1 is running
```

第二次运行的结果:

```
Thread-0 is running
Thread-1 is running
main Thread is running
```

第三次运行的结果:

```
Thread-1 is running
Main Thread is running
Thread-0 is running
```

从例13.1的运行结果可以看出,每次运行启动的线程都不一样,启动顺序不相同,三个线程对应三个不同的匿名对象。

13.2.2 实现 Runnable 接口

实现 Runnable 接口方式和继承 Thread 类方式有什么区别呢?实现方式避免了单继承的局限性。在定义线程时,尽量使用实现方式。

另外,两种方式线程代码的存放位置不同。继承方式线程代码存放在 thread 类的子类中;而实现方式线程代码存放在接口的子类中。通过实现 Runnable 接口创建多线程类的步骤为:

(1) 定义类,实现 Runnable 接口。

(2) 重写 Runnable 接口中的 run 方法,将线程要执行的代码放入方法中。

(3) 通过 Thread 类建立线程对象,将 Runnable 接口的子类对象作为参数传递给 Thread 类的构造方法。

(4) 调用 Thread 类的 start 方法,启动线程。

【例 13.2】 实现 Runnable 接口创建多线程。

```
TestRunable.javapublic class TestRunable {
    public static void main(String []args){
        ClassInterface t=new ClassInterface();
        Thread oneThread=new Thread(t);
```

```
        oneThread.start();
    }
}
class ClassInterface implements Runnable{
    public void run(){
        System.out.println(Thread.currentThread().getName() +
            "is running");
    }
}
```

在本例中只定义了一个实现 Runnable 接口的类 ClassInterface,并在此类中定义了 run()方法来完成线程启动时的功能,当线程开始运行的时候就开始执行 run()方法里面的代码。

13.3　线程的状态

13.3.1　线程的 5 种状态

在 Java 中,一个线程从创建、运行到最终结束的过程中可以有 5 种不同的状态,分别为新建状态、可运行状态、运行状态、阻塞状态、死亡状态。

Java 线程中的 5 种状态及其中的状态切换如图 13.1 所示。

图 13.1　线程的不同状态图

(1) 新建状态。

在生成线程对象时并没有调用该对象的 start()方法,此时线程处于新建状态。

(2) 可运行状态。

当线程有资格运行,但调度程序还没有把它选定为运行线程时线程所处的状态就是可运行状态。当 start()方法调用时,线程首先进入可运行状态。在线程运行之后或者从阻塞、等待或睡眠状态回来后,也返回到可运行状态。

(3) 运行状态。

线程调度程序将处于就绪状态的线程设置为当前线程,此时线程就进入了运行状态,开始运行 run()方法当中的代码。

(4) 阻塞状态。

线程正在运行的时候,可能由于某种原因进入阻塞状态。所谓阻塞状态是指正在运行的线程没有运行结束,但是让出了 CPU 资源,这时其他处于可运行状态的线程就可以获得 CPU 时间,从而进入运行状态。Java 线程中的 sleep()、suspend()、wait()等方法都可以导致线程阻塞。

(5) 死亡状态。

如果一个线程的 run()方法执行结束或者调用 stop()方法后,该线程就会死亡。对于已经死亡的线程,无法再使用 start()方法令其进入就绪。

13.3.2　线程的调度

对于有多个线程处于可运行状态的情况,运行顺序可以通过设置优先级来调度。线程的优先级别可以取 1~10 之间的整数,数值越大则其优先级别越高。Thread 类有以下三个静态常量:

- static int MAX_PRIORITY:线程可以具有的最高优先级,取值为 10。
- static int MIN_PRIORITY:线程可以具有的最低优先级,取值为 1。
- static int NORM_PRIORITY:分配给线程的默认优先级,取值为 5。

Thread 类的 public final void setPriority(int newPriority)方法和 public final int getPriority()方法分别用来设置和获取线程的优先级。主线程的默认优先级为 Thread. NORM_PRIORITY。JVM 提供了 10 个线程优先级,但与常见的操作系统都不能很好地映射。如果希望程序能移植到各个操作系统中,应该仅仅使用 Thread 类的三个静态常量作为优先级,这样能保证同样的优先级采用了同样的调度方式。

改变线程状态的常用方法有以下几种:

- Thread. sleep(long millis)方法:线程睡眠,使线程转到阻塞状态。millis 参数设定睡眠的时间,以毫秒为单位。当睡眠结束后就转为就绪(Runnable)状态。
- Object 类中的 wait()方法:线程等待,导致当前的线程等待,直到其他线程调用此对象的 notify() 方法或 notifyAll()唤醒方法。唤醒方法也是 Object 类中的方法,行为等价于调用 wait(0)。
- Thread. yield()方法:线程让步,暂停当前正在执行的线程对象,把执行机会让给相同或者更高优先级的线程。
- join()方法:线程加入,等待其他线程终止。在当前线程中调用另一个线程的 join()方法,则当前线程转入阻塞状态,直到另一个进程运行结束,当前线程再由阻塞转为就绪状态。
- Object 类中的 notify()方法:线程唤醒,唤醒在此对象监视器上等待的单个线程。

【例 13.3】　使用 sleep()方法改变线程状态。

```
public class ThreadStateDemo extends Thread {

    Thread thread;

    public ThreadStateDemo() {
```

```
        thread = new Thread(this);
        System.out.println("创建一个线程:thread");
        thread.start();
    }

    public void run() {
      try {
          System.out.println("线程 thread 正在运行!");
          System.out.println("线程 thread 睡眠 3 秒中...!");
          //静态方法,使当前正在执行的线程睡眠 3 秒
          Thread.sleep(3000);
          System.out.println("线程 thread 在睡眠后重新运行!");
      }catch(InterruptedException e) {
          System.out.println("线程被中断");
      }
    }

    public static void main(String[] args) {
      new ThreadStateDemo();
      System.out.println("主线程 main 结束!");
    }
}
```

运行结果:

```
主线程 main 结束!
线程 thread 正在运行!
线程 thread 睡眠 3 秒中...!
线程 thread 在睡眠后重新运行!
```

【例 13.4】　使用 join()方法调度。

```
public class TheadJoinDemo {

    public static void main(String[] args) {
        Runner r = new Runner();
        Thread t = new Thread(r);
        t.start();
        try {
            t.join();//主线程 main 将中断,直到线程 t 执行完毕
        }catch(InterruptedException e) {
        }
        for(int i=0;i<5;i++) {
            System.out.println("主线程:" +i);
        }
    }
}
```

```
class Runner implements Runnable {
    public void run() {
        for(int i=0;i<6;i++) {
            System.out.println("子线程:" +i);
        }
    }
}
```

运行结果:

```
子线程:0
子线程:1
子线程:2
子线程:3
子线程:4
子线程:5
主线程:0
主线程:1
主线程:2
主线程:3
主线程:4
```

join()方法的一个用途就是让子线程在完成业务逻辑执行之前,主线程一直等待直到所有子线程执行完毕。

13.4 资源共享与线程同步

前面程序中的线程大多都是独立线程,但是在很多情况下多个线程需要共享数据资源,这就涉及线程的资源共享和同步问题了,而多线程的同步是依靠对象锁机制和线程通信来实现。

13.4.1 资源共享

下面通过火车站售票这个例子来说明资源共享的问题。火车票售票系统是一个常年运行的系统,为了满足众多乘客的需求,一个站点必须同时开放多个售票窗口,每个售票窗口就像一个线程,它们各自运行,共同访问相同的数据——火车票的总数。假设有两个独立的售票厅 A 和 B,两个售票厅一共可以出售 30 张火车票,下面用多线程模仿一下这个火车票售票系统。

【例 13.5】 火车票类。

```
//Tickets.java
public class Tickets {
```

```
    int sum =30;

    public int getSum() {
        return sum;
    }

    public void sellOne(){
        sum--;
    }
}
```

上面这个类是车票类,它是共享资源。变量 sum 是车票初始数量,getSum()方法获得当前车票数量,sellOne()方法则是卖出一张票。

下面的 TicketsThread 类表示售票线程,使用该类创建线程对象模拟售票窗口。

【例 13.6】 售票类。

```
//TicketsThread.java
public class TicketsThread extends Thread{
    Tickets tickets =null;
        int n =0 ;
        public TicketsThread(Tickets tickets,String name){
        super(name);
        this.tickets =tickets;
    }

    public void run(){
    while(true){
        if(tickets.getSum()>0){
            tickets.sellOne();
        System.out.println(Thread.currentThread().getName() +
            "售出车票一张,剩余车票:"+tickets.sum+"张");
        }
      }
    }
}
```

TicketsThread 类是用线程类来实现售票。成员变量 tickets 是一个 Tickets 对象,它作为共享资源。在 run()方法中通过调用 sellOne()方法出售一张票。下面的程序中新建两个线程对象并启动运行。

【例 13.7】 主类。

```
//TicketsTest.java
public class TicketsTest  {
    Tickets tickets =new Tickets();

    public static void main(String[] args){
```

```
        Thread t1 = new TicketsThread(tickets, "A 站点");
        Thread t2 = new TicketsThread(tickets, "B 站点");
        t1.start();
        t2.start();
    }
}
```

上面的程序执行到最后可能会遇到一种不符合现实要求的情况,如下面运行结果所示:

```
    ⋮
B 站点售出车票一张,剩余车票:2 张
B 站点售出车票一张,剩余车票:1 张
B 站点售出车票一张,剩余车票:0 张
A 站点售出车票一张,剩余车票:2 张
```

为什么会出现这种结果呢?有可能第一个顾客已经买到了最后一张票,但是执行到 sum-- 的时候线程切换了,这时另外一个顾客也买最后一张票,这时候系统显示还有票,所以这个顾客也订票了,并且也在执行到 sum-- 的时候线程切换,再回去执行原来的线程。结果前一个顾客买到了最后一张票,后一个顾客也买到了最后一张票。

出现上述错误的原因是两个线程对象同时操作一个 tickets 对象的同一段代码,通常情况下这段代码被叫作临界区。在线程执行的时候,两个线程同时访问和操作共享资源时容易出现这种错误。

13.4.2 线程同步

为了避免多个线程访问同一个对象时出现冲突,可以通过对象锁(Object Lock)来实现。

Java 中每个对象都可以有一个对象锁,它是通过 synchronized 这个关键字来实现的。通常有两种方法可以实现对象锁,分别为同步方法和同步对象,下面对同步方法和同步对象进行介绍。

1. 同步方法

一般用该关键字来修饰一个类的方法,这样的方法称为同步方法。任何线程在访问同步方法时必须先获得该对象的锁,然后才能进入 synchronized 方法。同一时刻对象锁只能被一个线程持有。如果对象锁已经被一个线程持有,其他线程就不获得这个对象锁了,只有等待其他线程释放对象锁后才有可能获得。

对于上面的程序,可以在定义 Tickets 类的时候对 getSum( )方法和 sellOne( )方法添加 synchronized 关键字,如下所示:

```
public synchronized int getSum(){
    ⋮
}

public synchronized int sellOne(){
    ⋮
}
```

通常情况下方法使用了 synchronized 关键字修饰,那么这个类的线程是安全的。

2. 同步对象

前面的方法是通过对方法加对象锁来实现的,该方法在自己定义的类里面很容易实现。但如果使用类库中的类或者别人定义的类,这种方法就无法实现了。这时可以选择对对象加对象锁,其效果是一样的。使用格式如下:

```
synchronized(object){
    ⋮
}
```

对上面的售票程序,可以在 run()方法里对 tickets 对象加锁。

```
public void run(){
    while(true){
        synchronized(tickets){
        if(tickets.getSum()>0){
            ⋮
    }
}
```

这样,当一个线程要访问 Tickets 对象的时候,必须要先获得该对象上的锁,直到同步代码执行结束后才释放对象锁。

13.4.3　等待与通知

在现实应用中,除了要防止资源冲突外,还要保证线程的同步。线程的同步通过 wait()、notify()或者 notifyAll()这些方法来实现。

这三个方法都是 Object 类的最终方法,因此每一个类都默认拥有它们。虽然所有的类都默认拥有这三个方法,但是只有在 synchronized 关键字作用的范围内,并且是同一个同步问题中使用这三个方法时才有实际的意义。

其中,调用 wait()方法可以使调用该方法的线程释放共享资源的锁,然后从运行态退出,进入等待队列,直到被再次唤醒。而调用 notify()方法可以唤醒等待队列中第一个等待同一共享资源的线程,并使该线程退出等待队列,进入可运行态。调用 notifyAll()方法可以使所有正在等待队列中等待同一共享资源的线程从等待状态退出,进入可运行状态,此时优先级最高的那个线程最先执行。显然,利用这些方法就不必再循环检测共享资源的状态,而是在需要的时候直接唤醒等待队列中的线程就可以了。这样不但节省了宝贵的 CPU 资源,也提高了程序的效率。

下面通过经典的生产者和消费者问题来说明线程同步的重要性。

假设仓库中只能存放一件产品,生产者将生产出来的产品放入仓库,消费者将仓库中的产品取走消费。如果仓库中没有产品,则生产者可以将产品放入仓库,否则停止生产并等待,直到仓库中的产品被消费者取走为止。如果仓库中放有产品,则消费者可以将产品取走消费,否则停止消费并等待,直到仓库中再次放入产品为止。显然,这是一个同步问题,生产者和消费者共享同一资源。生产者和消费者之间彼此依赖,互为条件向前推进。

这个问题可以通过两个线程实现生产者和消费者,两者共享一个仓库对象。

【例 13.8】 仓库类。

```java
//WareHouse.java
public class WareHouse {
    private int amount;
    public void init(int value){
        amount =value;
    }
    public synchronized void produce(int value) {
        while (amount !=0) {
            try {
                wait();
            } catch (InterruptedException e) {
                e.printStackTrace();
            }
        }
        amount =amount+value;
        System.out.println("生产者生产"+value+"件商品后仓库还
            剩:"+amount+" 件商品");
        notify();
    }
    public synchronized void consume(int value) {
        while (amount ==0) {
            try {
                wait();
            } catch (InterruptedException e) {
                e.printStackTrace();
            }
        }
        amount =amount-value;
        System.out.println("消费者消费"+value+"件商品后仓库还
            剩:"+amount+" 件商品");
        notify();
    }
}
```

WareHouse 类使用一个私有成员变量 amount 来存放仓库商品剩余数量,因为其为共享资源,所以在生产和消费方法前均添加了 synchronized 关键字来给方法加上锁,确保共享资源访问不会产生冲突。此外,为了保证生产者和消费者的活动正常,必须引入等待通知机制。即消费者发现仓库中无商品时自己开始等待,生产者开始生产。相反,生产者如若发现仓库中有商品时自己进入等待,消费者开始消费。

【例 13.9】 生产者类。

```java
//ProducerThread.java
public class ProducerThread implements Runnable{
    private WareHouse warehouse;
    public ProducerThread(WareHouse warehouse){
        this.warehouse =warehouse;
    }
    public void run() {
        for(int i =0; i <10; i++){
            try {
                Thread.sleep(1000);
            } catch (InterruptedException e) {
                e.printStackTrace();
            }
            warehouse.produce(i);
        }
    }
}
```

ProducerThread 是生产者线程类,其中定义了一个 WareHouse 类型的成员变量 warehouse,用来存储生产的商品。在该类的 run()方法中,通过循环产生整数及其生产的商品数目。

下面是消费者线程的定义。

【例 13.10】 消费者类。

```java
//ConsumerThread.java
public class ConsumerThread implements Runnable{
    private WareHouse warehouse;
    public ConsumerThread(WareHouse warehouse){
        this.warehouse =warehouse;
    }
    public void run() {
        for(int i =0; i <10; i++){
            try {
                Thread.sleep(1000);
            } catch (InterruptedException e) {
                e.printStackTrace();
            }
```

```
            warehouse.consume(i);
        }
    }
}
```

消费者线程和生产者线程类似,都是通过循环产生整数来代表相对应操作的数量。

【例 13.11】 应用类。

```
//ProducerConsumerThread.java
public class ProducerConsumerTest {

    public static void main(String[] args){
        WareHouse warehouse =new WareHouse();
        warehouse.init(5);
        ProducerThread producerThread =new
            ProducerThread(warehouse);
        ConsumerThread consumerThread =new
            ConsumerThread(warehouse);
        Thread ta =new Thread(producerThread);
        Thread tb =new Thread(consumerThread);
        ta.start();
        tb.start();
    }
}
```

在生产者—消费者例子中,等待和通知很有必要。如若不用等待和通知,很有可能消费者把商品消费完之后依然进行消费,而这样是不被允许的。

13.4.4　死锁

死锁是这样一种情形:多个线程同时被阻塞,它们中的一个或者全部都在等待某个资源被释放。由于线程被无限期地阻塞,因此程序不可能正常终止。

Java 线程死锁是一个经典的多线程问题,因为不同的线程都在等待那些根本不可能被释放的锁,从而导致所有的工作都无法完成。假设有两个线程,分别代表两个饥饿的人,他们必须共享刀叉并轮流吃饭。他们都需要获得两个锁:共享刀和共享叉的锁。

假如线程 A 获得了刀,而线程 B 获得了叉。线程 A 就会进入阻塞状态来等待获得叉,而线程 B 则阻塞来等待 A 所拥有的刀。这样就产生了死锁,线程 A 和线程 B 会一直等待下去,浪费计算机资源。死锁并不是所希望看到的,所以在进行 Java 多线程编程时要尽量避免死锁的发生。

Java 多线程编程中,导致死锁的根源在于不适当地运用 synchronized 关键词来管理线程对特定对象的访问。synchronized 关键词的作用是确保在某个时刻只有一个线程被允许执行特定的代码块,因此被允许执行的线程首先必须拥有对变量或对象的排他性访问权。当线程访问对象时,线程会给对象加锁,而这个锁导致其他也想访问同一对象的线程被阻塞,直至第一个线程释放它加在对象上的锁。

死锁造成的后果是严重的,但是死锁的检测比较麻烦,而且不一定每次都出现。为了避免死锁的出现,在程序开发的整个过程中都应该重视起来,并尽量做到以下几点来避免死锁的发生:

(1) 让所有的线程按照同样的顺序获得一组锁。这种方法消除了不同的拥有者分别等待对方资源而导致的问题。

(2) 将多个锁组成一组并放到同一个锁下。前面 Java 线程死锁的例子中可以创建一个餐具对象的锁,这样在获得刀或叉之前都必须先获得这个餐具的锁。

习 题 13

(1) 判断下列说法是否正确:

① 线程就是程序。

② 多线程是指一个程序的多个执行流。

③ 共享数据的所有访问都必须使用 synchronized 加锁。

④ Thread 类的子类也实现了 Runnable 接口。

⑤ mt. setPriority(11)可以将 mt 线程对象的优先级设为 11。

(2) (　　)关键字可以对对象加互斥锁。

    A. transient   B. synchronized   C. serialize   D. static

(3) 下列(　　)方法可用于创建一个可运行的类。

    A. public class X implements Runable { public void run() {…} }

    B. public class X implements Thread { public void run() {…} }

    C. public class X implements Thread { public int run() {…} }

    D. public class X implements Runable { protected void run() {…} }

(4) 下面(　　)不会直接引起线程停止执行。

    A. 从一个同步语句块中退出来

    B. 调用一个对象的 wait 方法

    C. 调用一个输入流对象的 read 方法

    D. 调用一个线程对象的 setPriority 方法

(5) 下列不属于线程生命周期状态的是(　　)。

    A. 新建状态   B. 可运行状态

    C. 运行状态   D. 解锁状态

(6) 下列程序的输出结果是(　　)。

```
class C implements Runnable{
    public void run() {
        for(int a=3;a<=10;a++){
            if(isPrime(a))
```

```
            System.out.print(a+"\t");
        }
    }
    public boolean isPrime(int n){
        boolean b=true;
        for(int i=2;i<n-1&&b;i++){
            if((n%i)==0)
                b=false;
        }
        return b;
    }
}
public class Test{
    public static void main(String args[]){
        Thread t=new Thread(new C());
        t.start();
    }
}
```

A. 2 4 6　　　　B. 3 5 7　　　　C. 3 6 9　　　　D. 2 5 8

（7）下列程序的输出结果是（　　）。

```
public class Test {
    public static void main(String args[]) {
        new Test();
    }
    Test() {
        Test t1 =this;
        Test t2 =this;
        synchronized (t1) {
            try {
                t2.wait();
                System.out.println("DONE WAITING");
            } catch (InterruptedException e) {
                System.out.println("INTERRUPTED");
            } catch (Exception e) {
                System.out.println("OTHER EXCEPTION");
            } finally {
                System.out.println("FINALLY");
            }
        }
        System.out.println("ALL DONE");
    }
}
```

A. 输出 ALL DONE

B. 输出 INTERRUPTED

C. 输出 DONE WAITING

D. 编译通过，但是不输出任何字符串

编 程 练 习

（1）采用两种方法实现多线程程序：继承 Thread 类和实现 Runnable 接口。在上述的 run()方法中输出当前线程的线程 id、线程名称、线程优先级等基本信息。

（2）以邮局送件为背景，模拟多人同时派发邮件。

邮递员实体类 Postman。含有的属性有邮递员姓名 postName 和信件派送数量 mailCount。创建无参和两个参数的构造方法。

邮局送信业务类 SendMails。SendMails 类中有代表邮递员的属性，表示邮局派件人，并为该属性编写 setter/getter 方法。为 SendMails 类创建无参的构造方法。SendMails 类继承线程类 Thread，并且重写 run 方法。run 方法模拟邮递员送件工作：每送完一件暂停 1 秒，再开始下一次送件工作；送件时显示当前邮递员的代送信件数量，以及开始送第几封信件；每送完一件，更新邮递员的待送信件数量；当完成派件工作时，在控制台输出如下信息：邮递员姓名＋"已完成所有邮件派送！"。

创建主类 MainClass。在 main 中创建 5 个不同的邮递员，并设置一定的派件量；创建 5 个驱动邮递员发件的对象，并为其配置邮递员；启动 5 个驱动邮递员发件的对象，开始模拟同时发件。

第14章

网 络 编 程

随着互联网、移动互联网的飞速发展,开发基于网络的应用程序,实现不同主机间的通信是软件开发的需求之一。Java 实现计算机网络的底层通信,就是用 Java 程序实现网络通信协议所规定的功能和操作。网络编程的基本模型是客户端/服务器(Client/Server)模型,简单地说就是两个进程之间相互通信,其中一个必须提供一个固定的位置,而另一个则只需要知道这个固定的位置,并建立两者之间的网络连接,之后即可进行数据的通信。提供固定位置的通常称为服务器,而与服务器建立网络连接的通常称为客户端。

14.1   Java 网络编程基础

14.1.1   IP 地址

在 Internet 环境中要实现网络通信,计算机必须遵守满足彼此通信的规则,这就是计算机通信协议。目前 Internet 所采用的协议族是 TCP/IP 协议族。

TCP/IP 协议(Transmission Control Protocol/Internet Protocol)是已连接 Internet 的计算机进行通信的通信协议。TCP/IP 协议包含了一系列构成互联网基础的网络协议,又名网络通信协议,是 Internet 的基本协议,由网络层的 IP 协议和传输层的 TCP 协议组成。TCP/IP 定义了电子设备如何连入 Internet,以及数据如何在它们之间传输的标准。协议采用了 4 层结构,每一层都使用其下层所提供的协议来完成本层的概念。通俗而言,TCP 负责发现传输的问题,一旦有问题就发出信号,要求重新传输,直到所有数据安全正确地传输到目的地。而 IP 是给 Internet 上的每一台计算机分配一个地址。IP 是 TCP/IP 协议族中网络层的协议,是 TCP/IP 协议族的核心协议。目前 IP 协议的版本号是 4(简称 IPv4),它的下一个版本是 IPv6。IPv6 正处在不断发展和完善的过程中,它在不久的将来会取代目前被广泛使用的 IPv4。

随着 IPv6 越来越受到业界的重视,Java 从 JDK 1.4 开始支持 Linux 和 Solaris 平台上的 IPv6。从 JDK 1.5 版本开始又加入了 Windows 平台上的支持。相对于 C++,Java 很好地封装了 IPv4 和 IPv6 的变化部分,并且遗留代码都可以原生支持 IPv6,而不用随底层具体实现的变化而变化。本章的知识也主要围绕 IPv4 展开讲解。

14.1.2　端口号

一台拥有 IP 地址的计算机可以提供许多服务,如 Web 服务、FTP 服务、SMTP 服务等。但是 IP 地址只能保证把数据送到指定的计算机,不能保证这些数据交给这台计算机的哪一个网络应用程序。那么计算机是如何区分不同的网络服务呢? 显然不能只靠 IP 地址,因为 IP 地址与网络服务的关系是一对多的关系。实际上每个被发送的网络数据包的头部都包含有一个称为"端口"的部分,是通过"IP 地址＋端口号"来区分不同的服务,TCP/IP 协议中的端口是通过端口号来标识的。端口号使用整数,范围是 0～65 535。网络应用中的协议基本上使用 TCP(Transmission Control Protocol,传输控制协议)和 UDP(User Datagram Protocol,用户数据报协议),TCP 是面向连接的通信协议,而 UDP 是无连接的通信协议。

特定的服务器一般使用知名的固定端口号。例如,FTP 服务器的 TCP 端口号都是 21,Telnet 服务器的 TCP 端口号都是 23,TFTP(简单文件传送协议)服务器的 UDP 端口都是 69。任何 TCP/IP 实现的服务都用知名的 1～1023 的端口号。这些知名端口号由 Internet 号码分配机构(Internet Assigned Numbers Authority,IANA)来管理。到 1992 年为止,知名端口号为 1～255,而 256～1023 的端口号通常都是由 UNIX 系统占用,以提供一些特定的 UNIX 服务。因此,用户的普通网络应用程序应该使用 1024 以上的端口,大多数 TCP/IP 给临时端口分配 1024～5000 的端口号,大于 5000 的端口号是为其他服务器预留的(Internet 上并不常用的服务)。例如,一个网络应用程序指定了其所使用的端口号为 2134,那么其他网络程序发给这台计算机上的该网络程序的数据包中必须指明接收程序的端口号为 2134。

JDK 的 java.net 包中提供了相关的用于网络编程的类。Java 支持 TCP 和 UDP 协议族。网络编程的基本模型是客户端/服务器模型。

14.2　InetAddress 类

InetAddress 类主要用来区分计算机网络中的不同节点。每个 InetAddress 对象中包含了 IP 地址、主机名等信息。例 14.1 利用主机名找到网络中相应计算机的 IP 地址。

InetAddress 类没有明显的构造方法,下面的三个方法都可以用来创建 InetAddress 的实例:

```
static InetAddress getLocalHost()  throws  UnknownHostException
      static InetAddress getByName(String hostName)
throws UnknownHostException
      static InetAddress [] getAllByName(String hostName)
throws UnknownHostException
```

InetAddress 类的 getLocalHost()方法仅返回象征本地主机的 InetAddress 对象。getByName()方法返回一个传给它的主机名的 InetAddress 对象。如果这些方法不能解

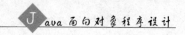

析主机名,则会产生一个 UnknownHostException 异常。

【例 14.1】 获取主机 IP。

```java
//MyIPAddress.java
import java.net.*;                      //导入 InetAddress 类所在的包
    public class MyIPAddress {
    public static void main( String args[]) {
    try {
      if ( args.length ==1 ) {
    //调用 InetAddress 类的静态方法,利用主机名创建对象
    InetAddress ipa =InetAddress.getByName(args[0]);
    //获取主机名
    System.out.println("Host name: " +ipa.getHostName());
    //获取 IP 地址
    System.out.println("Host IP Address: " +ipa.toString());
    System.out.println("Local Host: " +InetAddress.getLocalHost());
    }
        else {
    System.out.println("请输入一个主机名作为命令行参数!");
    }
      }
    //创建 InetAddress 对象可能引发的异常
    catch (UnknownHostException e) {
            System.err.println(e.toString());
    }
      }
      }
```

例 14.1 利用命令行参数指定主机名,调用方法 getHostName()找到该主机的 IP 地址并显示出来。getLocalHost()是 InetAddress 类的一个静态方法,用来获取运行该程序的计算机的主机名。如果输入如下的命令行参数:

```
C:>java.exe  MyIPAddress  sun.com
```

程序运行的结果为:

```
Host name: sun.com
Host IP Address: sun.com / 205.179.206.240
Local Host: ym/166.111.4.4
```

使用 InetAddress 类可以用在程序中用主机名代替 IP 地址,从而使程序更加灵活,可读性更好。

14.3　使用 URL 类访问网络资源

URL(Uniform Resource Locator,统一资源定位器)表示 Internet 上某一资源的地址。通过 URL 可以访问 Internet 上的各种网络资源,比如最常见的 WWW、FTP 站点等。URL 的基本结构为:

```
protocol://host_name:port_number/file_name/reference
```

其中,protocol 表示所要获取资源的传输协议,如 http、ftp、gopher、file 等;host_name 表示资源所在的主机;port_number 表示连接时所使用的通信端口号;file_name 表示该资源在主机的完整文件名;reference 则表示资源中的某个特定位置。下面是一些合法的 URL:

http://www.nankai.edu.cn

http://www.neca.com/~vmis/java.html

http://java.sun.com:80/whitePaper/ Javawhitepaper-1.html

如果要创建 URL 类的对象,可以通过调用 java.net 包中 URL 类的构造方法。

(1) public URL(String spec)。

这是最为直接的一种方法,只需将整个 URL 直接以字符串的形式作为参数传入即可。例如:

```
URL nankai =new URL("http://www.nankai.edu.cn");
```

(2) public URL(URL context,String spec)。

这个构造方法可以表示相对 URL 的位置。例如,在某主机上有若干图片文件,如果希望通过 HTML 文件中的 PARAM 参数指明所要载入的文件,使程序可以做到根据需要显示指定的图片。例如:

```
URL host =new URL("file://export/home/Java/image/");
URL imageUrl =new URL(host, getParameter("FILENAME"));
```

如果第一个参数设为 null,那么它的作用就和第一种方式相同了。

(3) public URL(String protocol,String host,String file)。

(4) public URL(String protocol,String host,int port,String file)。

此方式必须给出确定的传输协议、机器名称、文件名,或加上端口号。

在调用 URL 的构造方法时,程序所给出的参数可能存在某些问题,例如字符串的内容不符合 URL 的规定,传输协议错误甚至根本不存在等,因此在类 URL 的构造方法中都声明抛出了 MalformedURLException 异常。该异常在生成 URL 对象时必须捕获并进行处理。

【例 14.2】 URL 实例。

```java
//TestUrl.java
import java.net.URL;
import java.net.MalformedURLException;
public class TestUrl {
public static void main(String args[]) {
        URL url =null;
        try {
            url =new URL("http://www.baidu.com");
        }
        catch (MalformedURLException e){
            System.out.println("MalformedURLException: "+e);
        }
        System.out.println("The URL is:");
        System.out.println(url);
        System.out.println("Use toString(): " +url.toString());
        System.out.println("Use toExternalForm(): " +url.toExternalForm());
        System.out.println("Protocol is: " +url.getProtocol());
        System.out.println("Host is: " +url.getHost());
    }
}
```

运行结果：

```
The URL is:
http://www.baidu.com
Use toString(): http://www.baidu.com
Use toExternalForm(): http://www.baidu.com
Protocol is: http
Host is: www.baidu.com
```

生成 URL 的对象后，可以通过类 URL 所提供的方法获取对象属性，这些方法有：
- String getProtocol()：获取传输协议。
- String getHost()：获取机器名称。
- String getPort()：获取通信端口号。
- String getFile()：获取资源文件名称。
- String getRef()：获取参考点。

在 URL 类中还定义了 openStream()方法，该方法用于读取指定位置 URL 的数据，其返回值是一个 InputStream 数据流。例如：

```java
InputStream in =new URL("http://www.baidu.com/index.html").openStream();
```

【例 14.3】 读取百度首页。

```java
//TestUrlStream.java
import java.net.*;
import java.io.*;
public class TestUrlStream {
    public static void main(String[] args) throws Exception {
        URL u =new URL("http://www.baidu.com");
        InputStream in =u.openStream();
        byte[] b =new byte[in.available()];
        in.read(b);
        System.out.println(new String(b, "UTF-8"));
        in.close();
    }
}
```

运行例 14.3 的程序,可以显示百度首页的内容,其功能类似于 DOS 中的 type 查看命令。

14.4　Socket 套接字编程

在网络编程中经常使用 Socket 进行客户端和服务器之间的通信,Socket 是两个实体之间进行通信的有效端点。Socket 套接字是应用程序和网络协议的接口。JDK 提供了若干个类,用于使用 Socket 进行编程。

Socket 是网络驱动层提供应用程序编程的一种接口和机制,一个程序将一段信息写入 Socket 中,该 Socket 将这段信息发送给另外一个程序。Socket 是应用程序创建的一个港口码头,应用程序只要把装着货物的集装箱(在程序中就是要通过网络发送的数据)放到港口码头上就算完成了货物的运送,剩下的工作就由货运公司处理了(在计算机中由驱动程序来完成)。对接收方来说,应用程序也要创建一个港口码头,然后就一直等待到该码头的货物到达,最后从码头上取走货物(发送给应用程序的数据)。

程序中创建 Socket,通过绑定机制与驱动程序建立关联,使用对方计算机对应的 IP 地址和端口号。此后,应用程序传送给 Socket 的数据由 Socket 交给驱动程序,通过计算机网络发送出去,计算机从网络上收到与该 Socket 绑定的 IP 地址和端口号相关的数据后,由驱动程序交给 Socket,接收数据的应用程序便可从 Socket 中提取数据了。使用 Socket 进行通信的模型如图 14.1 所示。

JDK 分别为 UDP 和 TCP 两种通信协议提供了相应的编程类,这些类大多在 java. net 包中。使用 UDP 协议通信一般使用类 DatagramSocket,使用 TCP 协议通信则一般使用类 ServerSocket(服务器端)和 Socket(客户端)。

14.4.1　使用 TCP 通信

TCP 协议是一种面向连接的、可靠的、基于字节流的传输层通信协议。对通信质量

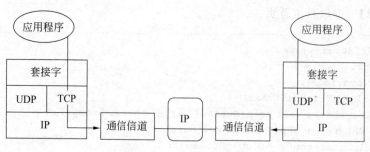

图 14.1　Socket 通信模型

有较高要求的应用程序一般会使用 TCP 作为通信协议。使用 TCP 协议开发 Java 网络应用程序时，服务器端主要使用类 ServerSocket，而客户端则主要使用类 Socket。采用 TCP 作为通信协议时客户端和服务器端数据通信的模式如图 14.2 所示。

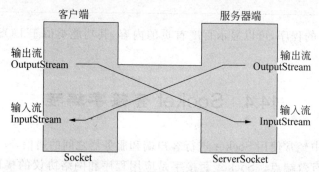

图 14.2　采用 TCP 作为协议时客户端和服务器端的数据通信

类 ServerSocket 实现了服务器套接字。服务器套接字等待通过网络传入的请求，该请求执行某些操作，然后向请求者返回结果。

类 ServerSocket 中定义了如下几种形式的构造方法：

- public ServerSocket() throws IOException：用于创建非绑定的服务器套接字。
- public ServerSocket(int port) throws IOException：用于创建绑定到特定端口的服务器套接字。port 为服务器端的端口号，如果为 0 则表示使用任何空闲端口。作为服务器程序，端口号必须事先指定，其他客户端才能根据这个端口号建立 Socket 连接，因此很少将服务器端的端口号指定为 0。
- public ServerSocket(int port, int backlog) throws IOException：利用指定的 backlog 创建服务器套接字并将其绑定到指定的本地端口号。如使用端口号 0，则在所有空闲端口上创建套接字。

例 14.4 是客户端和服务器端通信的实例。客户端已知服务器的端口号为 6501。

【例 14.4】 客户端和服务器端通信。

```
//TcpServer.java
import java.net.ServerSocket;
import java.net.*;
```

```java
import java.io.*;
public class TcpServer {
    static int num = 0;
    public static void main(String[] args) throws Exception {
        ServerSocket ss = new ServerSocket(6501);
        System.out.println("Server is running");
        while (true) {
        TcpServer.num++;
        Socket client = ss.accept();
        String cno = "connection" + num;
    System.out.println(cno + " from " + client.getInetAddress());
            DataInputStream in = new
        DataInputStream(client.getInputStream());
            DataOutputStream out = new
        DataOutputStream(client.getOutputStream());
            String s = in.readUTF();
            System.out.println(cno + " say " + s);
            out.writeUTF("you are welcome");
            System.out.println("welcome ok");
            out.close();
            client.close();
        }
    }
}
```

运行结果:

```
Server is running
```

此后该程序一直处于监听状态,等待客户端程序的访问。

接下来编写客户端程序验证如何通过 Socket 与上面的服务器程序进行通信。

```java
//TcpClient.java
import java.net.*;
import java.io.*;
public class TcpClient {
public static void main(String args[])throws Exception{
//IP 地址是希望通信的主机地址
Socket s = new Socket("10.11.65.242", 6501);
DataOutputStream out = new DataOutputStream(s.getOutputStream());
    out.writeUTF("we are talking");            //将字符串以 UTF 格式写入输出流
DataInputStream in = new DataInputStream(s.getInputStream());
    System.out.println(in.readUTF());
    s.close();
    }
}
```

服务器端程序的运行结果为：

```
Server is running
connection1 from /10.11.65.242
connection1 say we are talking
welcome ok
```

客户端程序的运行结果为：

```
you are welcome
```

14.4.2　使用 UDP 通信

使用 UDP 作为通信协议，主要使用类 DatagramSocket 和类 DatagramPacket，前者用于获取相应的 Socket 对象，后者则负责封装需要传递的数据报。例 14.5 采用 UDP 作为通信协议，接收数据报的程序。

【例 14.5】　UDP 通信接收端。

```java
//UdpReceiver.java
import java.net.*;
public class UdpReceiver {
    public static void main(String[] args) {
    try {
        //创建一个 DatagramSocket 对象，并指定监听的端口号
        DatagramSocket socket =new DatagramSocket(4567);
        byte data[] =new byte[1024];
        //创建一个空的 DatagramPacket 对象，用于接收数据
DatagramPacket packet =new DatagramPacket(data, data.length);
        //使用 receive 方法接收客户端发送的数据
        socket.receive(packet);
String result =new String(packet.getData(), packet.getOffset(),
packet.getLength());
        System.out.println("result-------->" +result);
        } catch (Exception e) {
          e.printStackTrace();
        }
    }
}
```

采用 UDP 作为通信协议，发送数据报的程序 UdpReceiver.java。

【例 14.6】　UDP 通信发送端。

```java
//UdpSender.java
import java.net.*;
```

```
public class UdpSender {
    public static void main(String[] args) throws Exception {
    try {
        //首先创建一个 DatagramSocket 对象
        DatagramSocket socket =new DatagramSocket(54321);
        //创建一个 InetAddress 对象
        InetAddress serverAddress =InetAddress.getByName("10.11.65.242");
        String str = "hello everyboy";
        byte data[] =str.getBytes();
        //创建一个 DatagramPacket 对象
        //并指定要将这个数据包发送到网络中的哪个地址,以及端口号
        DatagramPacket packet =new
        DatagramPacket(data, data.length, serverAddress, 4567);
        //调用 socket 对象的 send 方法,发送数据
        socket.send(packet);
        socket.close();
        } catch (Exception e) {
            e.printStackTrace();
        }
    }
}
```

习　题　14

(1) 请简要说明什么是 IP 地址和端口号?

(2) 请简要说明什么是 Socket? 一个 Socket 由哪几个部分组成?

(3) TCP 协议是哪一层的协议? 其主要特点是什么? JDK 提供了哪几个类用于 TCP 协议的编程?

(4) UDP 协议是哪一层的协议? 其主要特点是什么? JDK 提供了哪几个类用于 UDP 协议的编程?

编　程　练　习

(1) 编写基于 TCP 协议的程序。编写一个服务器端程序,该程序可接收多个客户端发送的请求。编写一个客户端程序,该程序可向服务器发送一些文本消息。服务器端程序需要使用多线程。

(2) 使用 UDP 协议,编写程序实现(1)的功能。

参 考 文 献

[1] James Gosling，Bill Joy，Guy L Steele. The Java Language Specification(Third Edition). Prentice Hall，2005.

[2] Quentin C，Aaron Kans. Java 大学教程[M]. 2 版. 北京：清华大学出版社，2008.

[3] Paul S Wang. Java with Object-oriented programming. Higher Education Press，2007.

[4] Daniel Liang Y. Java 语言程序设计基础篇[M]. 8 版. 北京：机械工业出版社，2011.

[5] Bruce Eckel. Java 编程思想[M]. 4 版. 北京：机械工业出版社，2007.

[6] Cay S Horstmann，Gary Cornell. Java 核心技术(卷 1 基础知识 原书第 9 版)[M]. 北京：机械工业出版社，2013.

[7] Robert Sedgewick，Kevin Wanyne. Introduction to Programming in Java[M]. 北京：清华大学出版社，2009.

[8] 张孝祥. Java 就业培训教程[M]. 北京：清华大学出版社，2012.

[9] 柳西玲，许彬. Java 语言程序设计基础[M]. 2 版. 北京：清华大学出版社，2008.

[10] 耿祥义. Java 面向对象程序设计[M]. 北京：清华大学出版社，2010.

[11] 韩雪，王维虎. Java 面向对象程序设计[M]. 2 版. 北京：人民邮电出版社，2012.

[12] 耿祥义，张跃平. Java 面向对象程序设计[M]. 2 版. 北京：清华大学出版社，2013.

[13] 辛运帏，饶一梅，马素霞. Java 程序设计[M]. 3 版. 北京：清华大学出版社，2013.

[14] 施霞萍，王瑾德，史建成. Java 程序设计教程[M]. 3 版. 北京：机械工业出版社，2012.